21世纪高等职业教育计算机系列规划教材

计算机应用基础教程
（Windows 7+Office 2010）

姚 灵　白夏清　刘 薇　主编

杨 玲　朱晓萍　卢 珊

常明迪　李 艳　副主编

电子工业出版社

Publishing House of Electronics Industry

北京·BEIJING

内 容 简 介

本书以"计算机应用能力培养"为导向,重点介绍了计算机基本操作和常用办公软件 Office 2010 的使用。为了提高教学效果,使读者能够快速掌握办公软件的使用要点,书中提供了大量实例和实训项目,选取的案例都是编者投入大量精力精心制作的,具有很强的实用性和可操作性。本书主要内容包括认识计算机与操作系统的使用,计算机网络及 Internet 基础,Word 2010、Excel 2010 和 PowerPoint 2010 的使用。

本书可以作为现代职业教育体系下的高等职业院校非计算机专业计算机基础课程的教材,也可以作为计算机初学者的自学用书。

未经许可,不得以任何方式复制或抄袭本书之部分或全部内容。
版权所有,侵权必究。

图书在版编目(CIP)数据

计算机应用基础教程:Windows 7+Office 2010 / 姚灵,白夏清,刘薇主编. —北京:电子工业出版社,2014.9
(21 世纪高等职业教育计算机系列规划教材)
ISBN 978-7-121-24074-4

Ⅰ. ①计… Ⅱ. ①姚… ②白… ③刘… Ⅲ. ①Windows 操作系统-高等职业教育-教材②办公自动化-应用软件-高等职业教育-教材 Ⅳ. ①TP316.7②TP317.1

中国版本图书馆 CIP 数据核字(2014)第 187056 号

策划编辑:徐建军(xujj@phei.com.cn)
责任编辑:郝黎明
印　　刷:三河市鑫金马印装有限公司
装　　订:三河市鑫金马印装有限公司
出版发行:电子工业出版社
　　　　　北京市海淀区万寿路 173 信箱　邮编 100036
开　　本:787×1 092　1/16　印张:15.25　字数:390.4 千字
版　　次:2014 年 9 月第 1 版
印　　次:2016 年 8 月第 3 次印刷
定　　价:38.00 元

凡所购买电子工业出版社图书有缺损问题,请向购买书店调换。若书店售缺,请与本社发行部联系,联系及邮购电话:(010)88254888,88258888。
质量投诉请发邮件至 zlts@phei.com.cn,盗版侵权举报请发邮件至 dbqq@phei.com.cn。
本书咨询联系方式:(010)88254570。

前言 Preface

随着高职院校教育教学改革工作的深入进行，计算机公共基础课的教学改革工作也进入了新的发展阶段。根据理实一体的教学模式，以"培养计算机应用能力与信息素养"为教学目标，通过实现步骤的详解，最后完成从样品到作品的教学过程，最终使学生能够独立创作出自己的作品。

计算机应用基础教程已经成为高校学生的必修课，它为学生了解信息技术的发展趋势，熟悉计算机操作环境及工作平台，具备使用常用工具软件处理日常事务和培养学生必要的信息素养等奠定良好的基础。

计算机信息技术的日新月异，要求学校对计算机的教育也要不断改革和发展。特别是对于高职教育来说，教育理论、教育体系及教育思想正处于不断探索之中。为促进计算机教学的开展，适应教学实际的需要和培养学生的应用能力，原有的许多教材在内容选取及教学模式组织上已经不能适应高职教育的需要。因此，本书对计算机应用基础教材从内容及组织模式上进行了不同程度的调整，使之更加符合当前高职教育教学的需要。

本书的内容是在近几年计算机基础课程教学改革过程中，不断调整、改进和总结并最终确定的。教材中的实例、实训的安排体现了编者的良苦用心，相信会提升学生的学习兴趣，进而提高学生的动手能力。同时，很多素材来源于校园，来源于学生生活，让学生在学习的同时了解学校，热爱生活。

本书是辽宁省交通高等专科学校信息工程系计算机基础教研室全体教师集体智慧的结晶。本书由姚灵、白夏清、刘薇担任主编，由杨玲、朱晓萍、卢珊、常明迪、李艳担任副主编，其他参编人员有赵红岩、王亚美、张翠玲、单立娟、赵春亮、白明宇、郗江月、李小琦、张一豪、杨瑛。

本书中后三章的教学内容是相对独立的，在教学过程中可根据实际情况确定顺序。

高职教育的发展需要参与者，更需要改革、探索者。我们会不断总结高职高专教学成果，探索高职高专教材的建设规律。

为了方便教师教学，本书配有电子教学课件及相关资源，请有此需要的教师登录华信教育资源网（www.hxedu.com.cn）注册后免费进行下载，如有问题可在网站留言板留言或与电子工业出版社（hxedu@phei.com.cn）和编者（yl2007@lncc.edu.cn）联系。

教材建设是一项系统工程，需要在实践中不断加以完善及改进，书中难免存在疏漏和不足，恳请读者给予批评和指正。

编 者

目 录
Contents

第1章 认识计算机与操作系统的使用 ·· (1)
  1.1 认识计算机 ·· (1)
    1.1.1 计算机的诞生与发展 ·· (1)
    1.1.2 计算机系统构成 ·· (3)
  1.2 操作系统的使用 ·· (7)
    1.2.1 Windows 7 基础 ·· (7)
    1.2.2 管理文件和文件夹 ·· (12)
    1.2.3 控制面板 ·· (16)
    1.2.4 附件 ··· (23)
    1.2.5 多媒体 ·· (25)
    1.2.6 磁盘操作系统 DOS ··· (27)
  1.3 键盘与指法基准键位练习 ··· (30)
    1.3.1 键盘结构 ·· (30)
    1.3.2 指法基准键位 ·· (31)
    1.3.3 指法和指法基础键位练习 ·· (32)
    1.3.4 中文输入 ·· (32)

第2章 计算机网络及 Internet 基础 ·· (34)
  2.1 计算机网络基础 ·· (34)
    2.1.1 计算机网络的组成 ·· (34)
    2.1.2 计算机网络的分类 ·· (37)
    2.1.3 网络连接 ·· (39)
  2.2 因特网基础 ·· (43)
  2.3 浏览器的使用 ··· (44)
    2.3.1 浏览网页 ·· (45)
    2.3.2 设置主页 ·· (45)
    2.3.3 使用工具栏上的按钮 ·· (46)
    2.3.4 收藏网址 ·· (47)

2.3.5 保存网页 ……………………………………………………………………… (48)
2.4 电子邮件的使用 ……………………………………………………………………… (50)
　2.4.1 申请免费邮箱 ……………………………………………………………… (50)
　2.4.2 阅读电子邮件 ……………………………………………………………… (50)
　2.4.3 书写电子邮件 ……………………………………………………………… (51)
　2.4.4 发送电子邮件 ……………………………………………………………… (52)
　2.4.5 回复电子邮件 ……………………………………………………………… (52)
　2.4.6 处理邮箱中的邮件 ………………………………………………………… (52)
　2.4.7 通讯录 ……………………………………………………………………… (53)
2.5 其他网络应用与软件 ………………………………………………………………… (53)
　2.5.1 搜索引擎的使用 …………………………………………………………… (53)
　2.5.2 文献检索 …………………………………………………………………… (55)
　2.5.3 压缩/解压工具软件 ……………………………………………………… (56)
　2.5.4 下载工具软件 ……………………………………………………………… (57)
2.6 计算机信息安全 ……………………………………………………………………… (59)
　2.6.1 网络安全的重要性及面临的威胁 ………………………………………… (59)
　2.6.2 计算机病毒及其防治 ……………………………………………………… (60)

第3章 Word 2010 的使用 …………………………………………………………………… (64)

3.1 Word 2010 入门 ……………………………………………………………………… (64)
　3.1.1 启动与退出 Word 2010 …………………………………………………… (64)
　3.1.2 Word 2010 窗口介绍 ……………………………………………………… (65)
　3.1.3 Word 2010 界面环境设置 ………………………………………………… (66)
　3.1.4 文档的基本操作 …………………………………………………………… (69)
3.2 案例1——制作公文 ………………………………………………………………… (74)
　3.2.1 案例说明 …………………………………………………………………… (74)
　3.2.2 制作步骤 …………………………………………………………………… (75)
　3.2.3 相关知识点 ………………………………………………………………… (79)
3.3 案例2——科技小论文排版 ………………………………………………………… (79)
　3.3.1 案例说明 …………………………………………………………………… (80)
　3.3.2 制作步骤 …………………………………………………………………… (81)
　3.3.3 相关知识点 ………………………………………………………………… (83)
3.4 案例3——图文混排 ………………………………………………………………… (85)
　3.4.1 案例说明 …………………………………………………………………… (85)
　3.4.2 制作步骤 …………………………………………………………………… (86)
　3.4.3 相关知识点 ………………………………………………………………… (89)
3.5 案例4——求职登记表与成绩表 …………………………………………………… (99)
　3.5.1 案例说明 …………………………………………………………………… (99)
　3.5.2 制作步骤 …………………………………………………………………… (101)
　3.5.3 相关知识点 ………………………………………………………………… (108)
3.6 案例5——长文档排版 ……………………………………………………………… (111)

		3.6.1 案例说明	(111)
		3.6.2 制作步骤	(112)
		3.6.3 相关知识点	(118)
	3.7	案例6——利用邮件合并制作批量信函	(123)
		3.7.1 案例说明	(123)
		3.7.2 制作步骤	(123)
		3.7.3 工资条的制作	(127)
		3.7.4 相关知识点	(129)
	3.8	综合实训	(133)
第4章	Excel 2010 的使用		(142)
	4.1	认识 Excel 2010	(142)
		4.1.1 电子表格概述	(142)
		4.1.2 Excel 2010 的窗口组成	(143)
		4.1.3 Excel 2010 的视图方式	(144)
	4.2	案例1——制作职工档案表	(144)
		4.2.1 案例说明	(145)
		4.2.2 制作步骤	(145)
		4.2.3 相关知识点	(150)
	4.3	案例2——制作学生成绩表	(154)
		4.3.1 案例说明	(154)
		4.3.2 制作步骤	(155)
		4.3.3 相关知识点	(164)
	4.4	案例3——使用图表分析数据	(166)
		4.4.1 案例说明	(167)
		4.4.2 制作步骤	(167)
		4.4.3 相关知识点	(175)
	4.5	案例4——销售清单	(176)
		4.5.1 案例说明	(177)
		4.5.2 制作步骤	(177)
		4.5.3 相关知识点	(182)
	4.6	案例5——制作汽车分期付款计算器	(184)
		4.6.1 案例说明	(184)
		4.6.2 制作步骤	(185)
		4.6.3 相关知识点	(190)
	4.7	综合实训	(191)
第5章	PowerPoint 2010 的使用		(195)
	5.1	认识 PowerPoint 2010	(195)
		5.1.1 演示文稿概述	(195)
		5.1.2 PowerPoint 2010 的窗口组成	(196)
		5.1.3 PowerPoint 2010 的视图方式	(197)

5.2 案例1——极限运动图集欣赏 ......（198）
   5.2.1 案例说明 ......（198）
   5.2.2 制作步骤 ......（199）
   5.2.3 相关知识点 ......（205）
5.3 案例2——倒计时动画 ......（211）
   5.3.1 案例说明 ......（211）
   5.3.2 制作步骤 ......（212）
   5.3.3 相关知识点 ......（219）
5.4 案例3——图片展示动画设计 ......（222）
   5.4.1 案例说明 ......（222）
   5.4.2 制作步骤 ......（222）
   5.4.3 相关知识点 ......（229）
5.5 综合实训 ......（230）

第1章 认识计算机与操作系统的使用

1.1 认识计算机

计算机（Computer）全称通用电子数字计算机，俗称电脑，是一种能够按照程序运行，自动、高速处理海量数据的现代化智能电子设备。"通用"是指计算机可服务于多种用途，"电子"是指计算机是一种电子设备，"数字"是指在计算机内部一切信息均用 0 和 1 的编码来表示。计算机的出现是 20 世纪最卓越的成就之一，极大地促进了生产力的发展。

1.1.1 计算机的诞生与发展

从古老的"结绳记事"，到算盘、加法器等，人类在不断地发明和改进计算工具，早期的计算机大多是机械式的，随着科学技术的发展，人类追求速度更快、精度更高的计算机。

1. 第一台电子计算机

阿塔纳索夫—贝瑞计算机（Atanasoff-Berry Computer，ABC）是世界上第一台电子计算机，为艾奥瓦州立大学的约翰·文森特·阿塔纳索夫（John Vincent Atanasoff）和他的研究生克利福特·贝瑞（Clifford Berry）在 1937～1941 年间开发。

2. 第一台得到应用的电子计算机

第二次世界大战期间，美国军方为了解决计算大量军用数据的难题，成立了由宾夕法尼亚大学的莫奇利和埃克特领导的研究小组。经过三年紧张的工作 ENIAC 终于在 1946 年 2 月 14 日问世，如图 1-1-1 所示。ENIAC 证明电子真空技术可以大大地提高计算速度，不过，ENIAC 本身存在两大缺点：①没有存储器；②它用布线接板进行控制，甚至要搭接几天，计算速度也就被这一工作抵消了。

3. 冯·诺依曼计算机

现在使用的计算机，其基本工作原理是存储程序和程序控制，它是由世界著名数学家冯·诺依曼提出的，他被称为"计算机之父"。简单来说冯·诺依曼的重大贡献是两点：二进制思想与程序内存思想。EDVAC方案明确奠定了新机器由五个部分组成，包括运算器、逻辑控制装置、存储器、输入和输出设备，并描述了这五部分的职能和相互关系。冯·诺依曼的设计思想之一是二进制。他根据电子元件双稳工作的特点，建议在电子计算机中采用二进制。程序内存是冯·诺依曼的另一杰作。冯·诺依曼提出了程序内存的思想：把运算程序存在机器的存储器中，程序设计员只需要在存储器中寻找运算指令，机器就会自行计算，这样，就不必每个问题都重新编程，从而大大加快了运算进程。这一思想标志着自动运算的实现，标志着电子计算机的成熟，已成为电子计算机设计的基本原则。

著名的"冯·诺依曼机"，标志着电子计算机时代的真正开始，指导着以后的计算机设计。自然一切事物总是在发展着的，随着科学技术的进步，今天人们又认识到"冯·诺依曼机"的不足，它妨碍着计算机速度的进一步提高，而提出了"非冯·诺依曼机"的设想。

4. 计算机的普及与推广

现代计算机的发展经历了四个阶段，分别是电子管时代（1946～1958年）、晶体管时代（1959～1964年）、中小规模集成电路时代（1965～1970年）、大规模超大规模集成电路时代（1971年至今）。直到1981年IBM公司推出微型计算机也就是PC，应用于学校和家庭，计算机才开始普及。1984年1月，Apple（苹果）的Macintosh（麦金塔）发布。图形用户界面与鼠标、网络，促使个人计算机的普及。第一只鼠标的发明者是Douglas Carl Engelbart，小名为Doug Engelbart，如图1-1-2所示。

图1-1-1　ENIAC

图1-1-2　第一只鼠标发明者

5. 目前计算机的应用状况

当今，说到计算机的应用基本上都要与网络结合，资源与服务更大范围的整合，为计算机的发展与应用提供了前所未有的空间。笔记本、平板电脑、掌上电脑、超级本等越来越多被普通人拥有和使用，新的技术与概念也不断推出，例如，云计算（Cloud Computing），是基于互联网的相关服务的增加、使用和交付模式，通常涉及通过互联网来提供动态易扩展且经常是虚拟化的资源。云是网络、互联网的一种比喻说法。过去在图中往往用云来表示电信网，后来也用来表示互联网和底层基础设施的抽象。狭义云计算指IT基础设施的交付和使用模式，指通过网络以按需、易扩展的方式获得所需资源；广义云计算指服务的交付和使用模式，指通过网络以按需、易扩展的方式获得所需服务。它意味着计算能力也可作为一种商品通过互联网进行流通。IT行业的高速发展也成就了一批著名的公司，如微软、苹果、Facebook等。

6. 未来的计算机

基于集成电路的计算机短期内还不会退出历史舞台。但一些新的计算机正在加紧研究,这些计算机是超导计算机、纳米计算机、光计算机、DNA 计算机和量子计算机等。目前,推出的一种新的超级计算机采用世界上速度最快的微处理器,并通过一种创新的水冷系统进行冷却。IBM 公司 08-27 宣布,他们的科学家已经制造出世界上最小的计算机逻辑电路,也就是一个由单分子碳组成的双晶体管元件。这一成果将使未来的计算机芯片变得更小、传输速度更快、耗电量更少。2012 年 4 月,麻省理工大学的唐爽与其导师崔瑟豪斯找到了另外一种合金材料"铋锑合金薄膜",它不仅具有多数石墨烯的特殊性质,还有一些更为复杂和有趣的特殊功能和性质。例如,一旦这种材料制成计算机芯片,其速度将会比现有硅材料的芯片快很多倍,电子在这种新材料中的传播速度将比在硅中快几百倍。科学界预计,这种铋锑合金薄膜材料极为可能成为下一代计算机芯片和热电发电机的革命性材料。

1.1.2 计算机系统构成

完整的计算机系统由硬件系统和软件系统两大部分组成,硬件(Hardware)指组成计算机的物理器件,是计算机系统的物质基础。软件(Software)指运行在硬件系统之上的管理、控制和维护计算机外部设备的各种程序、数据以及相关文档的总称。微型计算机系统构成示意图如图 1-1-3 所示。

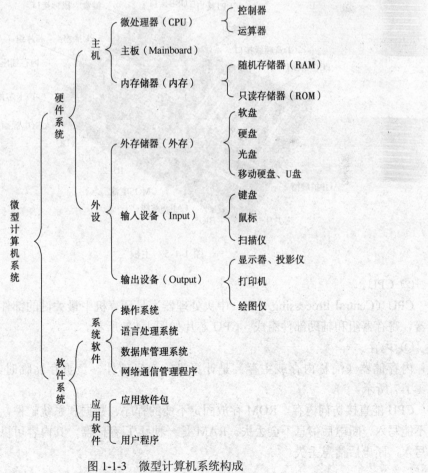

图 1-1-3 微型计算机系统构成

1. 计算机硬件
（1）主机

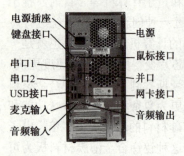

图1-1-4　机箱背面的各种接口

主机包括中央处理器（CPU）、内存、主板（总线系统）等，这些硬件都插放于计算机机箱中，所以有人把计算机分成机箱和显示器两部分，即用机箱代指主机，当然，这种说法并不准确。图1-1-4所示为机箱背面的各种接口。

① 主板。

主板，又称为主机板（Mainboard）、系统板（Systemboard）和母板（Motherboard），它安装在机箱内，是计算机最基本的也是最重要的部件之一。主板一般为矩形电路板，上面安装了组成计算机的主要电路系统，一般有BIOS芯片、I/O控制芯片、键盘和面板控制开关接口、指示灯插接件、扩充插槽、主板及插卡的直流电源供电接插件等元件，如图1-1-5所示。主板的另一个特点是采用开放式结构。主板上大都有6~8个扩展插槽，供PC外围设备的控制卡（适配器）插接。通过更换这些插卡，可以对微机的相应子系统进行局部升级，使厂家和用户在配置机型方面有更大的灵活性。总之，主板在整个微机系统中扮演着举足轻重的角色。可以说，主板的类型和档次决定着整个微机系统的类型和档次，主板的性能影响着整个微机系统的性能。

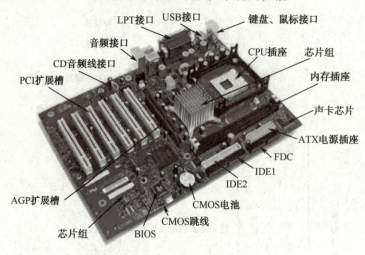

图1-1-5　主板

② CPU。

CPU（Central Processing Unit，中央处理器）是计算机中最关键的部件，它由控制器、运算器、寄存器组和辅助部件组成。CPU芯片如图1-1-6所示。

③ 内存。

内存储器（简称内存或主存）是计算机的记忆部件，负责存储临时的程序和数据，如图1-1-7所示。

CPU能直接访问内存。ROM存放固定不变的程序、数据和系统软件，其中的信息只能读出不能写入，断电后信息不会丢失。RAM是一种读/写存储器，其内容可以随时根据需要读出或写入，断电后信息丢失。

图 1-1-6　CPU 芯片　　　　　　　图 1-1-7　内存

（2）外设

① 外存。

外存储器又称为辅助存储器，简称外存或辅存。

外存的容量比主存大、读取速度较慢、通常用来存放需要永久保存的或暂时不用的各种程序和数据。外存设备种类很多，目前计算机常用的外存包括硬盘存储器、只读光盘（CD-ROM）存储器，以及 USB 接口存储器——U 盘、移动硬盘，还有存储卡，如图 1-1-8 和图 1-1-9 所示。

 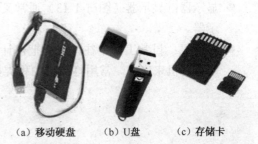

图 1-1-8　硬盘存储器　　　　　　图 1-1-9　移动硬盘、U 盘和存储卡

② 输入设备。

- 键盘：给计算机输入指令和操作计算机的主要设备之一，中文汉字、英文字母、数字符号以及标点符号就是通过键盘输入计算机的，如图 1-1-10 所示。

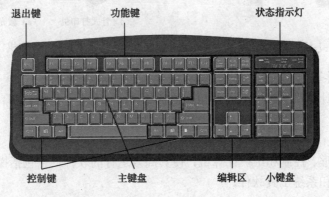

图 1-1-10　键盘

- 鼠标：鼠标是计算机的基本控制输入设备，比键盘更易用。这是由于 Windows 具有的图形特性需要用鼠标指定并在屏幕上移动单击确定。图 1-1-11 展示了有线鼠、无线鼠的外观及机械鼠和光电鼠的内部构造。
- 扫描仪：扫描仪（图 1-1-12）是一种计算机输入设备，通过捕获图像并将之转换成计算机可以显示、编辑、存储和输出的数字化设备。照片、文本页面、图纸、图画、照相底片、菲林软片，甚至纺织品、标牌面板、印制板样品等都可作为扫描对象。

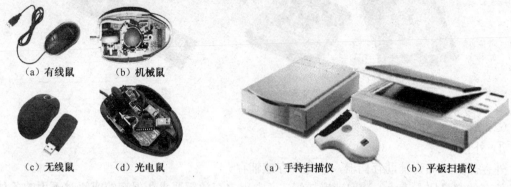

图 1-1-11　鼠标　　　　　　　　　　图 1-1-12　扫描仪

③ 输出设备。
- 显示器：显示器（图 1-1-13）通常又称为监视器，分为 CRT、LCD、LED、等离子显示器。
- 打印机：日常工作中往往需要把在计算机里做好的文档和图片打印出来，这就需要使用打印机来完成。常用打印机的种类如图 1-1-14 所示。

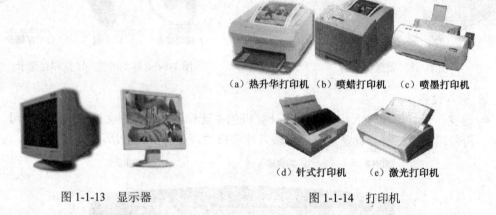

图 1-1-13　显示器　　　　　　　　　图 1-1-14　打印机

2. 计算机软件基础

计算机软件是计算机系统中与硬件相互依存的另一部分，是包括程序、数据及相关文档的完整集合。

（1）系统软件

系统软件是管理、控制和维护计算机，使其高效运行的软件，它包括操作系统、数据库管理系统、编译系统和系统工具软件。

① 操作系统：计算机软件中最重要的程序，用来管理和控制计算机系统中的硬件和软件资源。例如，Microsoft 公司的 Windows、IBM 公司的 OS/2 等都是优秀的操作系统。

② 数据库管理系统：对计算机中所存放的大量数据进行组织、管理、查询并提供一定处理功能的大型系统软件。

当前数据库管理系统可以划分为两类：一类是小型的数据库管理系统，如 Visual FoxPro；另一类是大型的数据库管理系统，如 SQL Server、Oracle 等。

③ 编译系统：必须和计算机语言及计算机程序设计结合起来，将各种高级语言编写的源程序翻译成机器语言表示的目标程序的软件，如 C++语言编译系统。

④ 系统工具软件：指为了帮助用户使用与维护计算机，提供服务，支持其他软件开发而编制的一类程序，主要有工具软件、编辑程序、调试程序、诊断程序等。

（2）应用软件

应用软件是为了某种特定的用途而开发的软件。它可以是一个特定的程序（如一个图像浏览器），也可以是一组功能联系紧密、可以互相协作的程序集合（如微软的 Office 软件）。按照功能，大致可以将应用软件划分为如下 4 类。

① 文字处理软件。

文字处理软件用于输入、存储、修改、编辑、打印文字材料等，如 Word、WPS 等。

② 信息管理软件。

信息管理软件用于输入、存储、修改、检索各种信息，如工资管理软件、人事管理软件、仓库管理软件、计划管理软件等。这些软件发展到一定水平后，各个单项的软件相互联系起来，计算机和管理人员组成一个和谐的整体，各种信息在其中合理地流动，形成一个完整、高效的管理信息系统，简称 MIS。

③ 辅助设计软件。

辅助设计软件用于高效绘制、修改工程图纸，进行设计中的常规计算，帮助寻求好的设计方案。

④ 实时控制软件。

实时控制软件用于随时搜集运行状态信息，以此为依据按预定的方案实施自动或半自动控制，安全、准确地完成任务。

1.2 操作系统的使用

操作系统（OS）是管理计算机硬件与软件资源的程序，用来实现计算机资源管理、程序控制和人机交互等功能。目前微机上常见的操作系统有 DOS、OS/2、UNIX、XENIX、Linux、Windows、Net Ware 等。

Windows 操作系统是一款由美国微软公司开发的窗口化操作系统。采用了 GUI 图形化操作模式，比起以前的指令操作系统 DOS 更为人性化。Windows 操作系统是目前世界上使用最广泛的操作系统，最新的版本是 Windows 8。本书着重介绍现在已开始普遍使用的 Windows 7 操作系统（旗舰版）。

1.2.1 Windows 7 基础

1. Windows 7 的启动与退出

打开电源启动已安装好 Windows 7 操作系统的计算机，计算机自检完成后，计算机进入 Windows 7 界面，即登录到 Windows 7 操作系统。Windows 7 安装后初始启动时，桌面只有"计算机"、"回收站"、"Internet Explorer"图标，如图 1-2-1 所示。

Windows 7 是一个单用户多任务的操作系统，有时前台运行一个程序，后台可能还同时运行多个程序，所以必须按照正确的步骤退出系统，否则可能造成程序、数据和处理信息的丢失，严重时可能会损坏系统。正常退出的步骤如下。

① 保存所有应用程序的处理结果，关闭正在运行的应用程序。

② 单击"开始"菜单中的"关机"按钮，如图1-2-2所示，即可退出Windows 7。

图 1-2-1　Windows 7 初始界面

图 1-2-2　"开始"菜单弹出窗口

在单击"关机"按钮，退出 Windows 7 之前，还可以将鼠标指向"关机"按钮右边的▶按钮，然后在弹出如图 1-2-3 所示的菜单中选择需要的选项各选项的功能介绍如下。

选择"切换用户"选项，将当前用户切换到其他用户。

图 1-2-3　"关机"菜单窗口

选择"注销"选项，将注销当前已注册的用户并关闭所使用的所有程序。

选择"锁定"选项，计算机进入待机状态（计算机的待机状态是系统将当前状态保存于内存中，然后退出系统，此时电源消耗降低，维持 CPU、内存和硬盘最低限度的运行；按任意键可以激活系统，计算机迅速从内存中调入待机前状态进入系统，这是重新开机最快的方式，但是系统并未真正关闭，适用短暂停止）。

选择"重新启动"选项，重新开始进入 Windows 7。

选择"睡眠"选项，表示暂不退出 Windows 7。

2. 进入安全模式

安全模式是 Windows 7 操作系统中的一种特殊模式，在安全模式下用户可以轻松地修复系统的一些错误，起到事半功倍的效果。安全模式的工作原理是在不加载第三方设备驱动程序的情况下启动计算机，使计算机运行在系统最小模式下，这样用户就可以方便地检测与修复计算机系统的错误。

Windows 7 环境下进入安全模式步骤如下。

在计算机开启 BIOS 加载完之后（如果有多系统引导，在选择 Windows 7 启动时，当按下【Enter】键），迅速按下【F8】键，在出现的 Windows 7 高级选项菜单中选择"安全模式"。

任务 1：启动计算机，进入 Windows 7，重新启动进入 Windows 7 安全模式。

3. Windows 7 桌面

Windows 7 窗口界面称为桌面，Windows 7 安装后初始启动时，桌面只有"计算机"、"回收站"、"Internet Explorer"图标，如图 1-2-1 所示。

在桌面空白处单击鼠标右键会弹出如图 1-2-4 所示的"快捷菜单"界面，单击"快捷菜单"的最后一项"个性化"，则会打开如图 1-2-5 所示的"个性化属性设置"窗口。

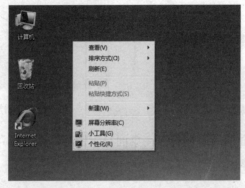

图 1-2-4 "快捷菜单"界面

在图 1-2-5 所示的"个性化属性设置"窗口中的左上角一侧有"控制面板主页"、"更改桌面图标"、"更改鼠标指针"、"更改账户图片"四项超链接入口。单击左上角的"控制面板主页"超链接进入"控制面板"；单击"更改桌面图标"超链接进入"桌面设置窗口；单击左上角的"更改鼠标指针"超链接打开"鼠标属性"窗口；单击"更改账户图片"超链接进入"更改图片窗口"。

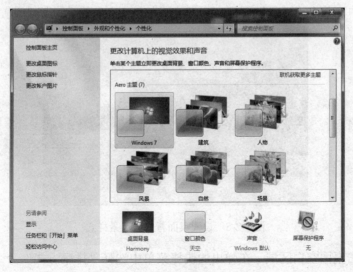

图 1-2-5 "个性化属性设置"窗口

在图 1-2-5 中，单击"更改桌面图标"，打开"桌面图标设置"对话框，如图 1-2-6 所示。

在"桌面图标"栏中，将"用户的文件"、"控制面板"、"网络"三项前面的复选框选中，并单击"应用"按钮时，则在桌面上显示该图标，否则桌面上隐藏该图标。添加图标后的桌面如图 1-2-7 所示。

图 1-2-6 "桌面图标设置"对话框　　　　图 1-2-7 添加图标后的桌面

任务 2：显示/隐藏桌面的所有图标，在桌面显示图标"计算机"和"回收站"，不显示"网络"和"用户的文件"图标。

提示

显示/隐藏桌面上的所有图标的方法是，在 Windows 7 桌面空白处单击鼠标右键，并在弹出的下拉菜单中将鼠标指向"查看"选项，然后在下一级弹出菜单中，取消选中"显示桌面图标"复选框即可实现显示/隐藏桌面上的所有图标。

任务 3：改变桌面背景，将桌面背景设置成如图 1-2-8 所示的风景样式。

提示

在图 1-2-5 中，单击"风景"图标，立即完成如图 1-2-8 所示的背景设置。

图 1-2-8 设置桌面背景为风景样式

任务 4：右击桌面空白区域，在弹出的快捷菜单中选择"排序方式"命令中的任意一种，重新排序桌面图标。

任务 5：个性化任务栏与开始菜单设置。
提示

在"任务栏"上的空白处单击鼠标右键，并在弹出的菜单中单击"属性"则打开"任务栏和开始菜单属性"对话框，如图 1-2-9 所示。例如，通过对"任务栏外观"一栏中复选框的设置，可以实现"锁定任务栏"、"自动隐藏任务栏"、"使用小图标"等操作。

在如图 1-2-9 所示的"任务栏和开始菜单属性"对话框中选择"开始菜单"选项卡，可以设置开始菜单的样式等项操作，如图 1-2-10 所示。

图 1-2-9 "任务栏"选项卡　　　　　图 1-2-10 "开始菜单"选项卡

任务 6：设置屏幕保护程序。
提示

在桌面空白处单击鼠标右键，在弹出的下拉菜单中选择"个性化"选项，在"个性化"选项窗口中，单击右下角的"屏幕保护程序"图标，则打开"屏幕保护程序设置"对话框，在"屏幕保护程序设置"对话框中的"屏幕保护程序"栏中的下拉列表中选择"彩带"选项，然后单击"应用"按钮，即可完成设置，如图 1-2-11 所示。

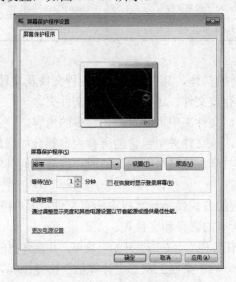

图 1-2-11 "屏幕保护程序设置"对话框

任务7：改变Windows 7的风格。

提示

在桌面空白处单击鼠标右键，在弹出的下拉菜单中选择"个性化"选项，在"个性化"选项窗口中"基本和高对比度主题（6）"栏中，单击"Windows经典"主题链接图标，则屏幕随即变成"Windows经典"主题风格显示样式。

说明

以下Windows窗口截图全部使用"Windows经典"主题风格窗口截图。

1.2.2 管理文件和文件夹

文件是存储在计算机存储器中具有名称的一组相关信息的集合。文件名是存取文件的依据，即"按名存取"。

1. 文件的命名

文件名的一般形式为：主文件名[.扩展名]。其中，主文件名用于辨别文件的最基本信息，扩展名用于说明文件的类型，用方括号括起来，表示可选项。若有扩展名，必须用一个圆点"."与主文件名分隔开。

文件名的命名规则是：文件名长度不能超过255个字符，可以包含英文字母（不分大小写）、汉字、数字符号和一些特殊符号，如$、#、@、-、!、()、{}、&等。但是，文件名不能包含以下字符：\、/、:、*、?、"、<、>、|。

扩展名由创建文件的应用程序自动生成，不同类型的文件，显示的图标和扩展名是不同的。表1-2-1给出了常见扩展名的含义。

表1-2-1 常见扩展名的含义

扩 展 名	文 件 类 型	扩 展 名	文 件 类 型
.bmp	位图文件	.bat	批处理文件
.sys	系统文件	.doc、.docx	Word文件
.xls、.xlsx	Excel电子表格文件	.com、.exe	可执行文件
.ppt、.pptx	PowerPoint演示文稿文件	.txt	文本文件

2. 文件夹

文件夹是一个存储文件的实体，其中可以包含各种文件及文件夹。文件夹的特点如下：
① 文件夹中不仅可以存放文件，还可以存放子文件夹。
② 只要存储空间允许，文件夹中可以存放任意多的内容。
③ 删除或移动文件夹，该文件夹中包含的所有内容都会相应地被删除或移动。
④ 文件夹可以设置为共享，让网络上的其他用户能够访问其中的数据。

3. 资源管理器的使用

资源管理器可以以分层的方式显示计算机内所有文件，用户可以不必打开多个窗口，而只在一个窗口中就可以浏览所有的磁盘和文件夹。

启动资源管理器：在"任务栏"上右击"开始"菜单，并在弹出的菜单中单击"打开Windows资源管理器"，或者在Windows 7桌面上双击"计算机"快捷图标，打开"资源管理器"窗口，如图1-2-12所示。

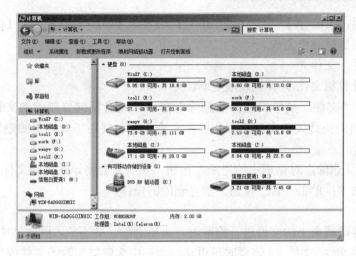

图 1-2-12 "资源管理器"窗口

任务 8：文件管理练习。

任务要求在 D:\中创建一个名为"计算机文化"的文件夹，在这个文件夹中创建一个名为"计算机发展史"的文本文件，将这个文件复制到桌面，并改名为"认识计算机.doc"，删除原来的"计算机发展史.txt"。

操作步骤如下。

（1）建立文件夹

双击"计算机"→双击"D:\"→空白处右击→"新建"→"文件夹"→重命名为"计算机文化"，如图 1-2-13 所示。

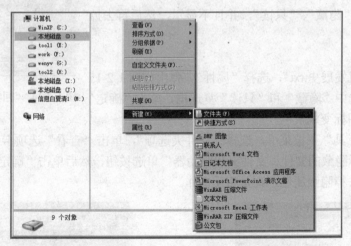

图 1-2-13 建立文件夹

（2）建立文本文件

打开文件夹"计算机文化"→空白处右击→"新建"→"文本文件"→重命名为"计算机发展史.txt"。

（3）复制文件并重命名

选中"计算机发展史.txt"→右击→"复制"→"桌面"→右击→"粘贴"→选中"计算机发展史.txt"→右击→重命名为"认识计算机.doc"。

快捷键的使用：【Ctrl+A】（全选）、【Ctrl+C】（复制）、【Ctrl+V】（粘贴）、【Ctrl+X】（剪切），以上操作也可用快捷键操作完成。

（4）删除文件、文件夹

① 选中 D:\计算机文化\计算机发展史.txt。

② 在窗口的"文件"菜单中选择"删除"命令，或者指向要删除的文件或文件夹单击鼠标右键，在弹出的快捷菜单中选择"删除"命令，或者使用工具栏中的删除工具，或者直接按【Delete】键。

③ 单击"确认删除"对话框中的"是"按钮，系统就会将该文件或文件夹从当前位置删除，并放入回收站中；单击"否"按钮，放弃删除的操作。

注意

对软盘和可移动磁盘上的文件进行删除时，直接删除，并不放入回收站中。

恢复被删除的文件、文件夹：需要时可以从回收站中恢复被删除的文件或文件夹。打开"回收站属性"对话框，选择要恢复的文件，单击"还原此项目"链接或选择"文件"菜单中的"还原"命令；如果希望将回收站中所有文件都还原，可单击"还原所有项目"链接。

回收站的使用：回收站占用的是硬盘上的存储空间，可以改变回收站空间的划分。

在桌面的"回收站"图标上右击，从弹出的快捷菜单中选择"属性"命令，出现如图 1-2-14 所示的对话框，可以在"选定位置的设置"栏中对回收站的使用进行设置。

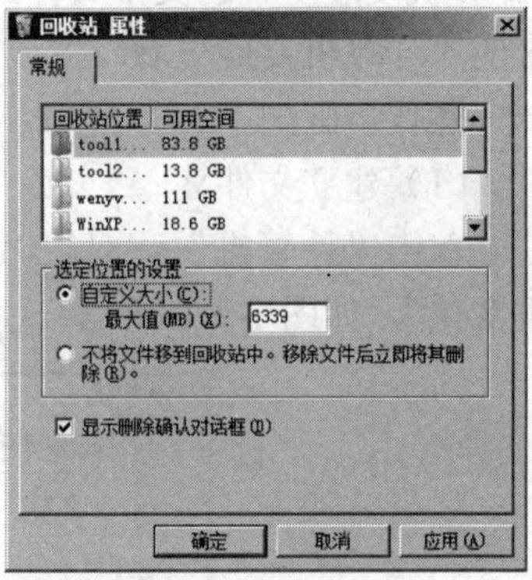

4. 文件的属性与文件夹选项

任务 9：文件属性修改及查看。

任务要求：将 D:\下"计算机文化"文件夹中"计算机发展史.txt"属性设为"隐藏"、"只读"，并且不显示，然后再去掉文件的隐藏属性。

步骤如下：

右击"计算机发展史.txt"，选择"属性"，弹出如图 1-2-15 所示的对话框，选中"隐藏"和"只读"复选框，单击"确定"按钮，此时文件图标变成灰色。

图 1-2-14 "回收站属性"对话框

然后单击"工具"下拉菜单，选择"文件夹选项"，单击"查看"选项卡，如图 1-2-16 所示，选中"不显示隐藏的文件、文件夹和驱动器"单选按钮，然后单击"确定"按钮，此时文件将不再显示。去掉隐藏属性，则是相反操作。

图 1-2-15 "计算机发展史.txt 属性"对话框

图 1-2-16 "文件夹选项"对话框

5. 搜索文件

任务 10：搜索所有扩展名为 txt 的文本文件。

提示

单击"开始"菜单，在搜索文本框中输入*.txt 后，则开始菜单中立刻显示搜索结果，如图 1-2-17 所示。

在搜索文件时，可能不完全知道文件名，这时可以使用通配符。文件的通配符有两个："?"和"*"。一个"?"表示其所处位置为任意一个字符，一个"*"表示从所处位置到下一个间隔符之间任意多个字符。

例如，AB?.txt 表示主文件名由三个字符组成，前两个字符为 AB，扩展名为.txt，可表示 ABC.txt、AB1.txt、AB2.txt 等；*.txt 表示所有的文本文件。

6. 共享设置

任务 11：设置共享文件夹。

在 Windows 7 中，系统允许用户将自己计算机上的文件和文件夹设置为共享，供网络上的其他用户访问。

图 1-2-17 搜索结果

将"计算机文化"这个文件夹设置为共享的操作步骤如下。

① 在资源管理器中，找到要共享的文件夹"计算机文化"。

② 右击"计算机文化"，在弹出的快捷菜单中选择"共享"→"家庭组"命令，如图 1-2-18 所示。

③ 右击"计算机文化"，在弹出的快捷菜单中选择"属性"命令，在"计算机文化属性"对话框中选择"共享"选项卡，如图 1-2-19 所示。

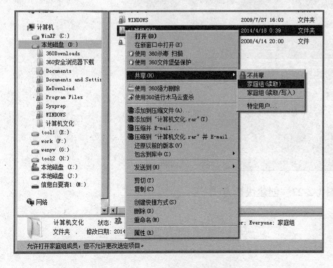

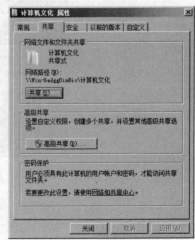

图 1-2-18 "共享"快捷菜单　　　　　　　图 1-2-19 "共享"选项卡

④ 在"共享"选项卡中单击"共享"按钮可以添加被共享名称、权限级别，如图 1-2-20 所示。

⑤ 在"共享"选项卡中单击"高级共享"按钮可以设置自定义权限，创建多个共享、设置其他高级共享选项，如图 1-2-21 所示。

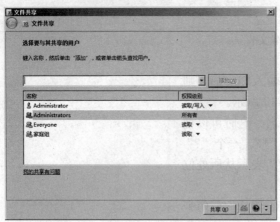
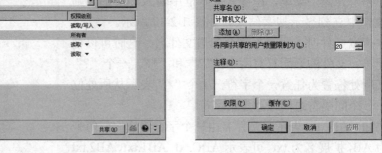

图 1-2-20　共享名称与权限级别　　　　图 1-2-21　设置高级共享

⑥ 最后单击"确定"按钮完成对该文件夹的共享设置。

7．快捷方式

任务 12：创建快捷方式。

常用以下两种方法来创建快捷方式。

① 找到应用程序右击，在弹出的快捷菜单中选择"创建快捷方式"命令，将产生的快捷方式图标文件移动到指定的位置即可。

② 在空白区右击，在弹出的快捷菜单中选择"新建"→"快捷方式"→单击"浏览"按钮，并找到对应的应用程序，如图 1-2-22 所示。

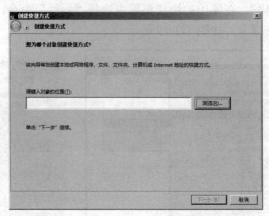

图 1-2-22　创建快捷方式

1.2.3　控制面板

启动控制面板：单击"开始"→"控制面板"命令。

图 1-2-23 所示的是控制面板的经典视图，可以通过右上角的"查看方式"按钮▼，选择以下两种大小图标查看方式。

① 选择小图标查看方式，如图 1-2-24 所示；

② 选择大图标查看方式，如图 1-2-25 所示。

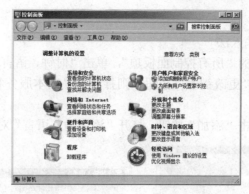

图 1-2-23 控制面板的经典视图

图 1-2-24 控制面板小图标查看方式　　图 1-2-25 控制面板大图标查看方式

在"控制面板"中,将重点学习显示、任务栏和"开始"菜单、日期和时间、管理工具、卸载程序、用户账户、键盘、鼠标等内容。

显示任务栏和"开始"菜单已经设置过,在"控制面板"中也可以通过双击对应项目进行同样的设置。

1. 鼠标和键盘

(1) 鼠标

在"控制面板"中双击"鼠标"图标,在"鼠标属性"对话框中对鼠标进行设置,如图 1-2-26 所示。

(2) 键盘

在"控制面板"中双击"键盘"图标,弹出"键盘属性"对话框,如图 1-2-27 所示。

图 1-2-26 "鼠标 属性"对话框　　图 1-2-27 "键盘 属性"对话框

2. 中文输入法的设置

（1）添加和删除中文输入法

① 打开"控制面板"的"所有控制面板项"，单击"时钟、语言和区域"图标，选中"键盘和语言"选项卡，单击"更改键盘"按钮，则打开了"文本服务和输入语言"对话框，如图 1-2-28 所示。

② 在此对话框中，单击"添加"按钮，打开"添加输入语言"对话框，如图 1-2-29 所示。

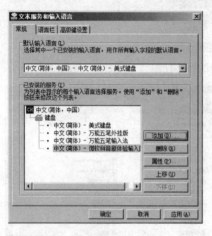

图 1-2-28 "文本服务和输入语言"对话框　　　图 1-2-29 "添加输入语言"对话框

③ 从"添加输入语言"列表框中选择"中文（简体，中国）"选项，再选择"键盘"中某一种输入法，如"微软拼音输入法 2003"。

④ 单击"确定"按钮，系统将该输入法添加到"中文（简体，中国）"中的"键盘"列表中。

如果要在"中文（简体，中国）"中的"键盘"列表中删除某一种输入法，只要将其选中，再单击"删除"按钮，并且再单击"确定"按钮即可完成。

（2）热键设置

Windows 7 中也允许用户设置热键，具体方法如下：

在"文本服务和输入语言"对话框中，选择"高级键设置"选项卡，如图 1-2-30 所示。在该对话框中单击"更改按键顺序"按钮，打开"更改按键顺序"对话框，可以设置输入法的切换快捷键，如图 1-2-31 所示。

图 1-2-30 "高级键设置"选项卡　　　图 1-2-31 "更改按键顺序"对话框

3. 设置日期和时间

① 打开"控制面板"的"所有控制面板项",单击"日期和时间"图标,打开"日期和时间设置"对话框,如图 1-2-32 所示。

② 在如图 1-2-32 所示的"时间和日期"选项卡中,单击"更改日期和时间"按钮,则打开如图 1-2-33 所示的"日期和时间设置"对话框。在该对话框中可以修改日期(年、月、日)、时间(时、分、秒),修改后单击"确定"按钮即可。

③ 单击"更改时区"按钮,可以打开"时区设置"对话框,在该对话框中"时区"下拉列表并可以选择时区,选择后单击"确定"按钮退回到"时间和日期"选项卡中。

④ 选择"Internet 时间"选项卡,可以在"更改设置"对话框中设置计算机的系统时间与 Internet 的时间服务器同步,同步只有在计算机与 Internet 连接时才能进行。

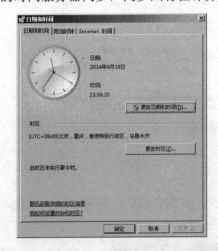

图 1-2-32 "日期和时间"对话框

图 1-2-33 "日期和时间设置"对话框

4. 卸载或更新程序

(1)使用"控制面板"卸载或更新程序

卸载或更新程序的操作步骤如下。

① 打开"控制面板"的"所有控制面板项",单击"程序和功能"图标,屏幕上出现"程序和功能"窗口,如图 1-2-34 所示。

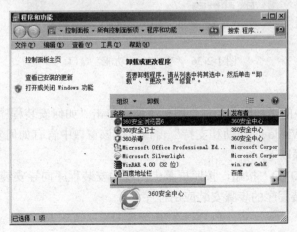

图 1-2-34 "程序和功能"窗口

② 在"程序和功能"窗口右下侧的程序列表框中，选中想要删除的程序项，然后在列表框的标题栏处单击"卸载"或"更改"按钮即可完成相应的操作。

③ 单击"开始"菜单，打开"控制面板"，单击"程序"图标，打开如图 1-2-35 所示的"程序"窗口，在"程序"窗口中的"程序和功能"图标下面还设有"打开或关闭 Windows 功能"、"查看已安装的更新"、"运行为以前版本的 Windows 编写的程序"和"如何安装程序"链接操作功能。

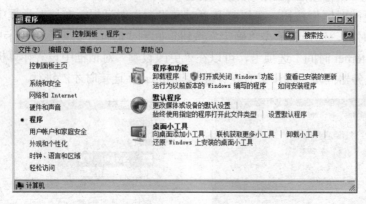

图 1-2-35 "程序"窗口

任务 13：删除"游戏"组件。

操作步骤如下。

"开始"→"控制面板"→"程序"（图 1-2-35）→"打开或关闭 Windows 功能"→滑动垂直滑块→取消选中"游戏"复选框（图 1-2-36）→"确定"。

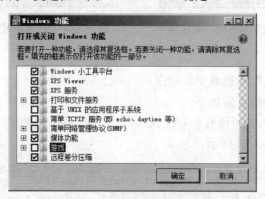

图 1-2-36 "Windows 功能"窗口

5. 安装程序

在"程序"窗口中的"程序和功能"图标下面，单击"如何安装程序"链接按钮，则打开如图 1-2-37 所示的"Windows 帮助和支持"窗口，在该窗口中含有如何安装程序的说明。

具体安装操作步骤以下：

① 单击"CD 或 DVD"按钮，按照屏幕上出现的安装程序向导安装应用程序。

② 按 Internet 安装程序的步骤安装应用程序。

6. 设置用户账户

在 Windows 7 安装过程中，系统自动创建一个名为 Administrator 的账号。该账号拥有计算机管理员的权限，拥有对本级资源的最高管理权。在多个用户共同使用一台计算机的情况下，可以通过设置不同的用户账户，使每个用户具有相对独立的文件管理和工作环境。

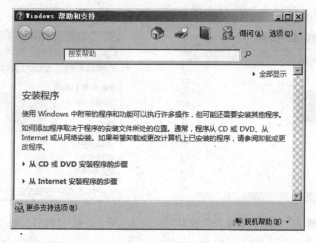

图 1-2-37 "Windows 帮助和支持"窗口

任务 14：账户管理。

（1）创建新账户

创建新账户的操作步骤如下：

① 在"控制面板"中，单击"用户账户和家庭安全"图标中的"添加或删除用户账户"选项链接，弹出"管理账户"窗口，如图 1-2-38 所示。

② 在"管理账户"窗口中的左下角处，单击"创建一个新账户"链接，弹出"创建新账户"窗口，如图 1-2-39 所示，在标有"新账户名"的文本框中输入新账户名，如"陈名"（学生自己的姓名），然后单击"创建账户"按钮，完成新用户创建，如图 1-2-40 所示。

图 1-2-38 "管理账户"窗口　　　　　图 1-2-39 "创建新账户"窗口

（2）更改账户

更改账户的操作步骤如下：

① 在含有"陈名"的"管理账户"窗口（图 1-2-40）中，双击"陈名"用户图标按钮，则打开如图 1-2-41 所示的"陈名"的"更改账户"窗口。单击"更改账户类型"、"管理其他账户"链接（图 1-2-41）可以为新账户选择权限。

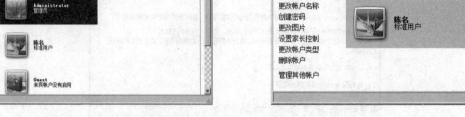

图 1-2-40　含有"陈名"的"管理账户"窗口　　　图 1-2-41　"陈名"的"更改账户"窗口

② 在"更改账户"窗口中，单击"更改账户类型"链接，打开"更改账户类型"窗口，如图 1-2-42 所示，如果选中"管理员"单选按钮则可以更改用户"陈名"的访问权限。

（3）创建用户密码

① 在图 1-2-42 所示的"更改账户类型"窗口中，单击"创建密码"链接，则打开如图 1-2-43 所示的"创建密码"窗口。

② 在输入"新密码"、确认"新密码"，并输入密码提示后，单击"创建密码"按钮即完成密码创建过程。

密码创建后，可以用类似方法完成修改密码操作。

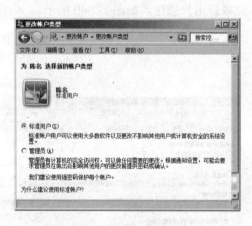

图 1-2-42　"更改账户类型"窗口　　　　图 1-2-43　"创建密码"窗口

（4）切换用户

① 单击"开始"菜单，鼠标指向"关闭"命令右边的▶按钮，在弹出如图 1-2-3 所示的"关机"菜单窗口中选择"切换用户"命令，则进入 Windows 7 的启动窗口。

② 在 Windows 7 的启动窗口中，选择要切换进入的用户即可完成切换用户。

（5）注销用户

在弹出如图 1-2-3 所示的"关机"菜单窗口中选择"注销"命令，则关闭所有程序，退出当前用户。

（6）删除用户

任务 15：删除前面创建的"陈名"用户。

操作步骤如下。

"控制面板"→"添加或删除用户"→双击"陈名"用户图标→"删除账户"→"删除文件"→"删除账户"。

1.2.4 附件

在 Windows 7 中，将"游戏"程序组移出了"附件"，但在"附件"中增加了比较实用的"截图工具"，并保存了 Windows XP 提供的许多应用程序，可以通过"开始"→"所有程序"→"附件"将其打开。这些应用程序包括画图、计算器、记事本、系统工具等。

1. 画图

"画图"是 Windows 提供的位图（.BMP）绘制程序，它有一个绘制工具箱、调色板，用来创建和修饰图画。用它制作的图画可以打印也可以作为桌面背景，或者粘贴到另一个文档中。

启动"画图"程序的方法是：单击"开始"→"程序"→"附件"→"画图"命令，打开"画图"程序的窗口，如图 1-2-44 所示。

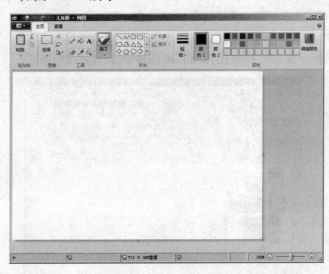

图 1-2-44 "画图"程序窗口

任务 16：保存屏幕截图。

操作步骤如下。

① 截取全屏幕图片，在屏幕上显示要截取的图片，按【Print Screen】键，则系统会自动将当前全屏画面保存到剪贴板中，然后打开系统"画图"并粘贴后就可以看到截取的全屏图片。

② 截取当前已打开的窗口图片，在屏幕上显示当前要截取的窗口，先按下【Alt】键，再按【Print Screen】键，则系统会自动将当前要截取的窗口画面保存到剪贴板中，然后打开系统"画图"并粘贴后就可以看到要截取的窗口图片。

③ 打开"附件"，单击"截图工具"，拖动鼠标选中要截取的画面，则截取的画面立刻出现在"截图工具"窗口中，在"截图工具"窗口中下拉"编辑"菜单并单击"复制"命令即可

对截取画面图片进行复制，或下拉"文件"菜单另存为图片文件，或下拉"文件"菜单发送该图片文件。

任务 17：使用"画图"编辑给定的"学生.jpg"图片文件，该图片如图 1-2-45 所示，编辑后的阅览室效果图如图 1-2-46 所示。

图 1-2-45　学生.jpg

图 1-2-46　阅览室效果图

操作步骤如下。
① "开始"→"程序"→"附件"→"画图"。
② "打开"→"学生.jpg"→"复制"。
③ "选择"→"画图"→"粘贴"（如图 1-2-47 所示）。
④ 选中学生图像→复制并粘贴图像→移动图像→水平翻转图像。

图 1-2-47　画图

⑤ 在工具箱中选择"喷壶颜色填充"工具，按自己喜欢的图案颜色改变学生的书本、裙子、鞋和皮肤的颜色。
⑥ 使用"喷壶"改变背景的颜色。
⑦ 使用"文字工具"、"形状工具"制作标牌"阅览室"。
⑧ 最后以"阅览室.jpg"为文件名存盘。效果图如图 1-2-46 所示。

2．计算器

"计算器"是一个能实现简单运算和科学计算功能的应用程序，如图 1-2-48 所示。

 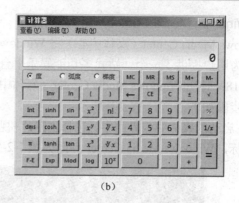

(a)　　　　　　　　　　　　　　(b)

图 1-2-48　标准型和科学型计算器

3. 记事本

"记事本"是一个纯文本文件编辑器，具有运行速度快、占用空间小等优点。当用户需要编辑简单的文本文件时，可以选用记事本程序。

打开记事本程序，此时可以在记事本中编辑输入的文字，如图 1-2-49 所示。

文件编辑完成后，选择"文件"→"保存"命令，弹出"另存为"对话框。在"另存为"对话框中，选择文件保存的目标位置，如 D 盘的某个文件夹。在"文件名"文本框中输入文件名，如"打字练习 1"，单击"保存"按钮即可。

图 1-2-49　记事本

1.2.5　多媒体

1. Windows Media Player

Windows Media Player（多媒体播放器，WMP）是微软公司出品的一款播放器，播放时的界面如图 1-2-50 所示。使用此播放器可以播放 MP3、WMA、WAV 等音频文件，由于竞争关系微软默认不支持 RM 文件，不过在 V8 以后的版本，如果安装了解码器，则可以播放 RM 文件。视频方面，可以播放 AVI、MPEG-1，安装 DVD 解码器以后可以播放 MPEG-2 和 DVD 文件。用户可以自定媒体数据库收藏媒体文件。它支持播放列表，支持从 CD 读取音轨到硬盘，支持刻录 CD，V9 以后的版本甚至支持与便携式音乐设备同步获取音乐。

图 1-2-50　Windows Media Player 播放界面

2. Windows Media Center

Windows Media Center（媒体中心）将 Windows Media Player（多媒体播放器）和游戏等集聚一身，为用户提供了一个一站式多功能娱乐平台。

任务 18：使用 Windows Media Center（媒体中心）播放示例视频。

操作步骤如下。

① 在启动的媒体中心界面中，选择"图片+视频"选项，在打开的界面中单击出现的"视频库"图标，Windows Media Center 界面如图 1-2-51 所示。

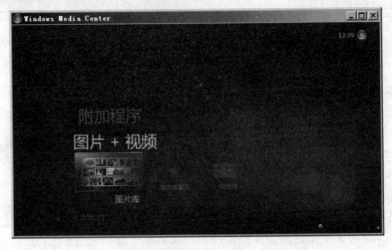

图 1-2-51　Windows Media Center 界面

② 在打开的"视频库"窗口中列出了当前计算机视频中的所有视频文件，单击"示例视频"缩略图，则打开如图 1-2-52 所示的"示例视频"界面（1）。

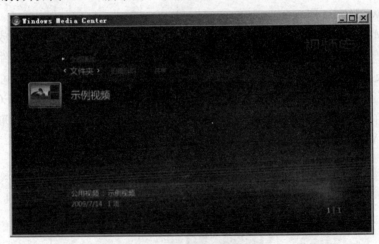

图 1-2-52　"示例视频" 界面（1）

③ 在打开的"示例视频"窗口中显示了系统自带的视频文件，单击"示例视频"缩略图，则打开如图 1-2-53 所示的"示例视频"界面（2）。

④ 在如图 1-2-53 所示的"示例视频"界面（2）中，单击"示例视频"缩略图即可播放示例视频文件，如图 1-2-54 所示的"示例视频"放映界面。

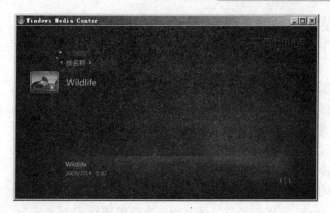

图 1-2-53 "示例视频"界面（2）

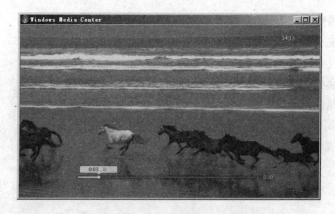

图 1-2-54 "示例视频"放映界面

1.2.6 磁盘操作系统 DOS

DOS（Disk Operating System，磁盘操作系统）是个人计算机上的一类操作系统，现今非专业的用户很少使用，但是 DOS 命令在很多领域起到非常重要的作用，下面将 DOS 常用命令做简单介绍，读者可以在 Windows 7 的附件中的"命令提示符"内模拟 DOS 命令的执行。图 1-2-55 就是执行 dir 命令后的"命令提示符"。

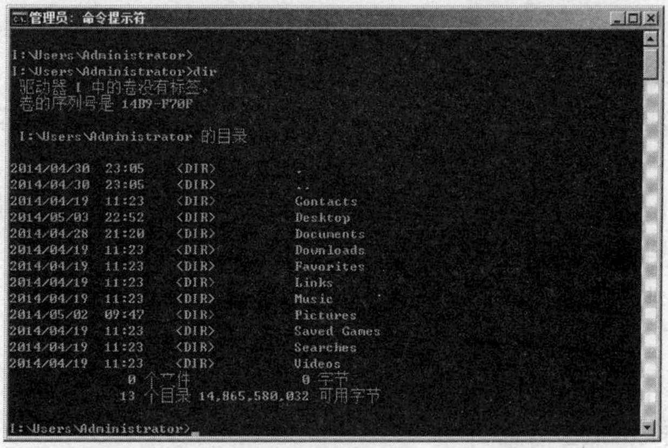

图 1-2-55 命令提示符

① Dir 显示目录文件和子目录列表。
可以使用通配符（? 和 *），? 表示通配一个字符，*表示通配任意字符。
/p：每次显示一个列表屏幕。要查看下一屏，请按键盘上的任意键。
/w：以宽格式显示列表，在每一行上最多显示 5 个文件名或目录名。
/s：列出指定目录及所有子目录中出现的每个指定的文件名，比 Windows 查找快。
dir *.*→a.txt：把当前目录文件列表写入 a.txt。
dir *.* /s→a.txt：把当前目录文件列表写入 a.txt，包括子目录下文件。
② Attrib 属性设置。
显示、设置或删除指派给文件或目录的只读、存档、系统以及隐藏属性。如果在不含参数的情况下使用，则 attrib 会显示当前目录中所有文件的属性。
+r：设置只读属性。
-r：清除只读属性。
+a：设置存档文件属性。
-a：清除存档文件属性。
+s：设置系统属性。
-s：清除系统属性。
+h：设置隐藏属性。
-h：清除隐藏属性。
③ Cls 清屏。
清除显示在命令提示符窗口中的所有信息，并返回空窗口，即"清屏"。
④ Exit 退出。
退出当前命令解释程序并返回到系统。
⑤ Format 格式化。
/q 执行快速格式化。删除以前已格式化的文件表和根目录，但不在扇区之间扫描损坏区域。使用/q 命令行选项应该仅格式化以前已格式化的完好的卷。
⑥ Ipconfig 显示 TCP/IP 网络配置值。
显示所有当前的 TCP/IP 网络配置值、刷新动态主机配置协议（DHCP）和域名系统（DNS）设置。使用不带参数的 ipconfig 可以显示所有适配器的 IP 地址、子网掩码、默认网关。
/all：显示所有适配器的完整 TCP/IP 配置信息。
ipconfig 等价于 winipcfg，后者在 Windows ME、Windows 98 和 Windows 95 上可用。尽管 Windows XP 没有提供像 winipcfg 命令一样的图形化界面，但可以使用"网络连接"查看和更新 IP 地址。要做到这一点，请打开"网络连接"，右击某一网络连接，单击"状态"，然后选择"支持"选项卡。
该命令最适用于配置为自动获取 IP 地址的计算机。它使用户可以确定哪些 TCP/IP 配置值是由 DHCP、自动专用 IP 地址（APIPA）和其他配置配置的。
⑦ md 创建目录或子目录。
⑧ Move 移动。
将一个或多个文件从一个目录移动到指定的目录。
⑨ Nbtstat 显示 NetBIOS 信息。
显示本地计算机和远程计算机的基于 TCP/IP（NetBT）协议的 NetBIOS 统计资料、NetBIOS

名称表和 NetBIOS 名称缓存。Nbtstat 可以刷新 NetBIOS 名称缓存和注册的 Windows Internet 名称服务（WINS）名称。使用不带参数的 Nbtstat 显示帮助。Nbtstat 命令行参数区分大小写。

-a remotename：显示远程计算机的 NetBIOS 名称表，其中，Remote Name 是远程计算机的 NetBIOS 计算机名称。

-A IPAddress：显示远程计算机的 NetBIOS 名称表，其名称由远程计算机的 IP 地址指定（以小数点分隔）。

⑩ Netstat 显示 TCP 连接。

显示活动的 TCP 连接、计算机侦听的端口、以太网统计信息、IP 路由表、IPv4 统计信息（对于 IP、ICMP、TCP 和 UDP 协议），以及 IPv6 统计信息（对于 IPv6、ICMPv6、通过 IPv6 的 TCP 以及通过 IPv6 的 UDP 协议）。使用时如果不带参数，netstat 显示活动的 TCP 连接。

-a：显示所有活动的 TCP 连接及计算机侦听的 TCP 和 UDP 端口。

⑪ Ping。

通过发送"网际消息控制协议（ICMP）"回响请求消息来验证与另一台 TCP/IP 计算机的 IP 级连接。回响应答消息的接收情况将和往返过程的次数一起显示出来。Ping 是用于检测网络连接性、可到达性和名称解析的疑难问题的主要 TCP/IP 命令。如果不带参数，ping 将显示帮助。名称和 IP 地址解析是它的最简单应用也是用得最多的。

-t：指定在中断前 Ping 可以持续发送回响请求信息到目的地。要中断并显示统计信息，请按 Ctrl+Break 组合键。要中断并退出 Ping，请按 Ctrl+C 组合键。

-lSize：指定发送的回响请求消息中"数据"字段的长度（用字节表示）。默认值为 32。size 的最大值是 65527。

⑫ Rename（Ren）更改文件的名称。

例如，ren *.abc *.cba。

⑬ Set 显示、设置或删除环境变量。

如果没有任何参数，set 命令将显示当前环境设置。

⑭ Shutdown 允许关闭或重新启动本地或远程计算机。

如果没有使用参数，Shutdown 将注销当前用户。

-m Computer Name：指定要关闭的计算机。

-t xx：将用于系统关闭的定时器设置为 xx 秒。默认值是 20s。

-l：注销当前用户，这是默认设置。-m Computer Name 优先。

-s：关闭本地计算机。

-r：关闭之后重新启动。

-a：中止关闭。除了-l 和 Computer Name 外，系统将忽略其他参数。在超时期间，只可以使用-a。

⑮ System File Checker（SFC）

win 下才有，在重新启动计算机后扫描和验证所有受保护的系统文件。

/scannow：立即扫描所有受保护的系统文件。

/scanonce：一次扫描所有受保护的系统文件。

/purgecache：立即清除"Windows 文件保护"文件高速缓存，并扫描所有受保护的系统文件。

/cachesize=x：设置"Windows 文件保护"文件高速缓存的大小，以 MB 为单位。

⑯ type 显示文本文件的内容。

使用 type 命令查看文本文件或者是 bat 文件而不修改文件。

⑰ Tree 图像化显示路径或驱动器中磁盘的目录结构。

⑱ Xcopy 复制文件和目录，包括子目录。

/s：复制非空的目录和子目录。如果省略 /s，xcopy 将在一个目录中工作。

/e：复制所有子目录，包括空目录。

⑲ Copy 将一个或多个文件从一个位置复制到其他位置。

⑳ Delete 删除指定文件。

任务 12：利用 DOS 命令，设置 D:\图片 2.jpg 文件的隐藏属性。

1.3 键盘与指法基准键位练习

1.3.1 键盘结构

计算机键盘主要由主键盘区、小键盘区和功能键组构成。主键盘即通常的英文打字机用键（键盘中部）；小键盘即数字键组（与计算器类似）；功能键组指键盘上部的【F1】～【F12】键。这些键一般都是触发键，不要按下不放，应一触即放。

下面将常用键的键名、键符及功能列入表 1-3-1 中。

表 1-3-1 常用键符、键名及功能表

键 符	键 名	功能及说明
A～Z（a～z）	字母键	字母键有大写和小写之分
0～9	数字键	数字键的下挡为数字，上挡为符号
Shift	换挡键	用来选择双字符键的上挡字符
Caps Lock	大小写字母锁定键	计算机默认状态为小写（开关键）
Enter	回车键	输入行结束、换行、执行 DOS 命令
Backspace	退格键	删除当前光标左边一个字符，光标左移一位
Space	空格键	在光标当前位置输入空格
PrtSc（Print Screen）	屏幕复制键	DOS 系统：打印当前屏（整屏） Windows 系统：将当前屏幕复制到剪贴板（整屏）
Ctrl 和 Alt	控制键	与其他键组合，形成组合功能键
Pause Break	暂停键	暂停正在执行的操作
Tab	制表键	在制作图表时用于光标定位，光标跳格（8 个字符间隔）
F1～F12	功能键	各键的具体功能由使用的软件系统决定
Esc	退出键	一般用于退出正在运行的系统
Del（Delete）	删除键	删除光标所在字符
Ins（Insert）	插入键	插入字符、替换字符的切换
Home	功能键	光标移至屏首或当前行首（软件系统决定）
End	功能键	光标移至屏尾或当前行末（软件系统决定）

续表

键 符	键 名	功能及说明
PgUp（Page Up）	功能键	当前页上翻一页，不同软件赋予不同的光标快速移动功能
PgDn（Page Down）	功能键	当前页下翻一页，不同软件赋予不同的光标快速移动功能

1.3.2　指法基准键位

正确的指法是进行计算机数据快速录入的基础。学习使用计算机，也应以掌握正确的键盘操作方法为基础。

1. 正确的姿势

计算机用户上机操作时，应养成良好的上机习惯。正确的姿势不仅对提高输入速度有很大帮助，而且可以减轻长时间上机操作引起的疲劳。

① 坐姿端正，腰挺直，头稍低，上身略向前倾，眼睛距屏幕 30cm 左右，重心落在座椅上，全身放松，两脚自然踏地。

② 人稍偏于键盘右方，可移动椅子或者键盘的位置，要调节到人能保持正确的击键姿势为止。

③ 手臂自然下垂，肘部距离身体约 10cm，手指轻放在基准键上，手腕自然伸直，腕部禁止撑靠在工作台或键盘上。

④ 手指以手腕为轴略向上抬起，手指略为弯曲，两手与两臂成直线，指端第一关节与键盘成垂直角度。

⑤ 显示器放在键盘的正后方，原稿放在键盘左侧。

2. 正确的键入指法

基准键位是指用户上机时的标准手指位置。它位于键盘的第二排，共有八个键。其中，【F】键和【J】键上分别有一个突起，这是为操作者不看键盘就能通过触摸此键来确定基准位而设置的，它为盲打提供了方便。

所谓盲打就是操作者只看稿纸不看键盘的输入方法。盲打的前提是通过正规训练而熟练使用键盘。

基准键位的拇指轻放在空白键位上。指法规定沿主键盘的 5 与 6、T 与 Y、G 与 H、B 与 N 为界将键盘一分为二，分别让左右两手管理；由食指分管中间两键位（因为食指最灵活），余下的键位由中指、无名指和小拇指分别管理，自上而下各排键位均与之对应，右大拇指管理【Space】键。主键盘的指法分布如图 1-3-1 所示。

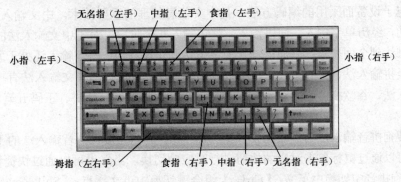

图 1-3-1　主键盘指法图

小键盘的基准键位是"4,5,6",分别由右手的食指、中指和无名指负责。在基准键位基础上,小键盘左侧自上而下的"7,4,1"三键由食指负责;同理中指负责"8,5,2";无名指负责"9,6,3"和".";右侧的"-、+、"由小指负责;大拇指负责"0"。小键盘指法分布如图1-3-2所示。

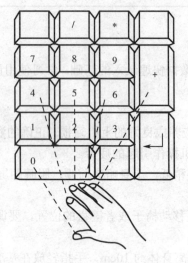

图1-3-2 小键盘指法图

1.3.3 指法和指法基础键位练习

① 原位键练习(A S D F 和 J K L ;)。
② 上排键练习(Q W E R 和 U I O P)。
③ 中间键练习(T G B 和 Y H N)。
④ 下排键练习(Z X C V 和 M ,. /)。
⑤ 其他键练习(上挡键的输入)。

注意
明确手指分工,坚持正确的姿势与指法,坚持不看键盘(盲打)。

1.3.4 中文输入

如果要在计算机中输入中文,就要用到中文输入法。中文输入法是指为了将汉字输入计算机或手机等电子设备而采用的编码方法,是中文信息处理的重要技术。中文输入法是从1980年发展起来的,经历单字输入、词语输入、整句输入几个阶段。对于中文输入法的要求是以单字输入为基础达到全面覆盖;以词语输入为主干达到快速易用;整句输入还处于发展之中。最初使用的有全拼输入法、双拼输入法和王码五笔输入法。较流行的中文输入法有搜狗拼音输入法、百度输入法、谷歌拼音输入法、紫光拼音、拼音加加、黑马神拼、王码五笔、智能五笔、万能五笔等。

本书以搜狗拼音输入法为例做简要介绍。图1-3-3所示为搜狗拼音输入法的工具栏,在这个工具栏上可以通过鼠标单击对应的按钮进行对应的切换,当然也可以通过快捷键进行切换:【Shift】在搜狗拼音中切换中英文;【Ctrl+.】组合键切换中英文标点;【Shift+Space】组合键切换全角/半角。这些快捷键都是循环键，就是在两种方式中循环转换。

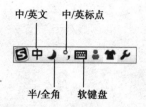

图 1-3-3　搜狗拼音输入法的工具栏

由于中/英文的标点有很大区别，表 1-3-2 简单介绍了中文标点的输入方法。需要注意的是中文标点符号必须在中文输入法的中文标点状态下输入。

表 1-3-2　常用中文标点符号与键盘对照表

中文标点	键　位	中文标点	键　位
。句号	.	《〈双、单书名号	<
，逗号	,	〉》单、双书名号	>
；分号	;	……省略号	^
：冒号	:	——破折号	_
？问号	?	、顿号	\
！感叹号	!	·间隔号	@
""双引号	"	￥人民币符号	$
''单引号	'	—连接号	&
（）括号	0		

说明

使用键盘中的上挡键应按住【Shift】键；自动配对指第一次输入时为左引号、左书名号等，再输入时为右引号、左书名号等；自动嵌套指第一次输入时为双书名号，在配对前再按时为单书名号；注意在左【<】和右【>】键单独输入太多时，会感觉找不到配对符号。大写字母的输入：按下【Caps Lock】（大写锁定）键即可输入大写字母；小写字母的输入：按下【Caps Lock】（锁定）键后按下【Shift】键则输入的为小写字母。一般数字可在输入中文或英文时直接输入。

第 2 章 计算机网络及 Internet 基础

2.1 计算机网络基础

计算机网络是利用通信线路和通信设备,把地理上分散的,并具有独立功能的多个计算机系统互相连接起来,按照网络协议进行数据通信,用功能完善的网络软件实现资源共享的计算机系统的集合。

2.1.1 计算机网络的组成

典型的计算机网络由硬件系统、软件系统、网络信息系统三大部分组成。

1. 硬件系统

硬件系统由计算机系统、通信设备、连接设备及辅助设备组成,计算机系统为网络内的其他计算机提供共享资源,通信设备和连接设备提供物理连接和信息传输的通路。硬件系统中设备的组合形式决定了计算机网络的类型。下面介绍几种网络中常用的硬件设备。

(1)网络服务器

服务器是一台速度快、存储量大的计算机,它是网络系统的核心设备,负责网络资源管理和用户服务。服务器可分为文件服务器、远程访问服务器、数据库服务器、打印服务器等,是一台专用或多用途的计算机。在互联网中,服务器之间互通信息,相互提供服务,每台服务器的地位是同等的。

(2)网络工作站

工作站是具有独立处理能力的计算机,它是用户向服务器申请服务的终端设备。用户可以在工作站上处理日常工作,并随时向服务器索取各种信息及数据,请求服务器提供各种服务(如传输文件,打印文件等)。

(3)网卡

网卡又称为网络适配器,它是计算机和计算机之间直接或间接传输介质互相通信的接口,它插在计算机的扩展槽中。网卡的作用是将计算机与通信设施相连接,将计算机的数字信号转换成通信线路能够传送的电子信号或电磁信号。目前,常用的有 10Mbps、100Mbps 和 10Mbps/100Mbps 自适应网卡。网卡的总线形式有 ISA 和 PCI 两种,如图 2-1-1 和图 2-1-2 所示。

（4）调制解调器

调制解调器（Modem）是一种信号转换装置,外观如图 2-1-3 所示。它可以把计算机的数字信号"调制"成通信线路的模拟信号,将通信线路的模拟信号"解调"回计算机的数字信号。调制解调器的作用是将计算机与公用电话线相连接,使得现有网络系统以外的计算机用户,能够通过拨号的方式利用公用电话网访问计算机网络系统。这些计算机用户被称为计算机网络的增值用户。增值用户的计算机上可以不安装网卡,但必须配备一个调制解调器。

图 2-1-1　ISA 网卡　　　　　图 2-1-2　PCI 网卡　　　　　图 2-1-3　外置 Modem

（5）集线器

集线器（Hub）是局域网中使用的连接设备。它具有多个端口,可连接多台计算机,如图 2-1-4 所示。在局域网中常以集线器为中心,用双绞线将所有分散的工作站与服务器连接在一起,形成星形拓扑结构的局域网系统。这样的网络连接,在网上的某个节点发生故障时,不会影响其他节点的正常工作。

集线器分为普通型和交换型（Switch）,交换型的传输效率比较高,目前用得较多,如图 2-1-5 所示。集线器的传输速率有 10Mbps、100Mbps 和 10Mbps/100Mbps 自适应的。

图 2-1-4　集线器　　　　　　　　　　图 2-1-5　交换机

（6）网桥

网桥（Bridge）也是局域网使用的连接设备。图 2-1-6 所示为一种无线网桥。网桥的作用是扩展网络的距离,减轻网络的负载。在局域网中每条通信线路的长度和连接的设备数都是有最大限度的,如果超载就会降低网络的工作性能。对于较大的局域网可以采用网桥将负担过重的网络分成多个网络段,当信号通过网桥时,网桥会将非本网段的信号排除掉（过滤）,使网络信号能够更有效地使用信道,从而达到减轻网络负担的目的。由网桥隔开的网络段仍属于同一局域网,网络地址相同,但分段地址不同。

（7）路由器

路由器（Router）是互联网中使用的连接设备,它的外形如图 2-1-7 所示。它可以将两个网络连接在一起，组成更大的网络。被连接的网络可以是局域网也可以是互联网，连接后的网络都可以称为互联网。路由器不仅有网桥的全部功能，还具有路径的选择功能。路由器可根据网络上信息拥挤的情况，自动地选择适当的线路传递信息。

图 2-1-6　无线网桥　　　　　　　　　　图 2-1-7　路由器

在互联网中，两台计算机之间传送数据的通路有很多条，数据包（或分组）从一台计算机出发，要经过多个站点才能到达另一台计算机。这些中间站点通常是由路由器组成的，路由器的作用就是为数据包（或分组）选择一条合适的传送路径。用路由器隔开的网络属于不同的局域网。

（8）传输介质

传输介质是计算机网络最基础的通信设施，其性能好坏直接影响到网络的性能。传输介质可分为两类：有线传输介质（例如，双绞线如图 2-1-8 所示、同轴电缆如图 2-1-9 所示、光纤如图 2-1-10 所示）和无线传输介质（例如，无线电波如图 2-1-11 所示，微波、红外线、激光）。

 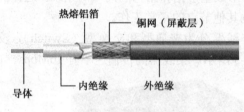

图 2-1-8　双绞线　　　　　　　　　　图 2-1-9　同轴电缆

衡量传输介质性能的主要技术指标有传输距离、传输带宽、衰减性能、抗干扰能力、价格、安装方式等。

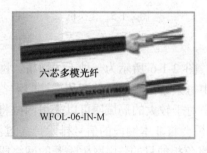 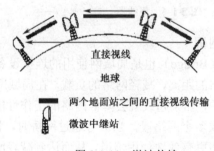

图 2-1-10　光纤　　　　　　　　　　图 2-1-11　微波传输

任务 1：在机房中识别网络中的硬件设备。

2. 软件系统

计算机网络中的软件按其功能可以划分为网络协议、数据通信软件、网络操作系统和网络应用软件。

（1）网络协议

所谓计算机网络协议，就是指实现计算机网络中不同计算机系统之间的通信必须遵守的通信规则的集合。例如，什么时候开始通信，双方采用什么样的数据格式，数据如何编码，如何处理差错，怎样协调发送和接收数据的速度，如何为数据选择传输路由等。

网络协议也有很多种，具体选择哪一种协议则要看情况而定。Internet 上的计算机使用的是 TCP/IP 协议。TCP/IP（Transmission Control Protocol/Internet Protocol，传输控制协议/网际协议）是 Internet 最基本的协议，简单地说，就是由底层的 IP 协议和 TCP 协议组成的。TCP/IP 协议开发工作始于 20 世纪 50 年代，是用于互联网的第一套协议。

IP 协议只保证计算机能发送和接收分组数据，而 TCP 协议则可提供一个可靠的、可流控的、全双工的信息流传输服务。虽然 IP 和 TCP 这两个协议的功能不尽相同，也可以分开单独使用，但它们是在同一时期作为一个协议来设计的，并且在功能上也是互补的。只有两者的结合，才能保证 Internet 在复杂的环境下正常运行。凡是要连接到 Internet 的计算机，都必须同时安装和使用这两个协议，因此在实际中常把这两个协议统称为 TCP/IP 协议。

（2）数据通信软件

数据通信软件是指按着网络协议的要求，完成通信功能的软件。

（3）网络操作系统

网络操作系统是指能够控制和管理网络资源的软件。网络操作系统的功能作用在两个级别上：在服务器机器上，为在服务器上的任务提供资源管理；在每个工作站机器上，向用户和应用软件提供一个网络环境的"窗口"。这样，向网络操作系统的用户和管理人员提供一个整体的系统控制。网络服务器操作系统要完成目录管理、文件管理、安全性、网络打印、存储管理、通信管理等主要服务。

（4）网络应用软件

网络应用软件是指网络能够为用户提供各种服务的软件，如浏览查询软件、传输软件、远程登录软件、电子邮件等。

3. 网络信息系统

网络信息系统是指以计算机网络为基础开发的信息系统，如各类网站、基于网络环境的管理信息系统等。

2.1.2 计算机网络的分类

由于计算机网络自身的特点，对其划分也有多种形式，例如，可以按网络的作用范围、网络的传输技术方式、网络的使用范围以及通信介质等划分。此外，还可以按信息的交换方式和拓扑结构等进行分类。下面对常见的两种分类进行介绍。

（1）按网络的作用范围划分

按网络所覆盖的地理范围，可以把网络分为局域网（Local Area Network，LAN）和广域网（Wide Area Network，WAN）。两者之间的差异主要体现在覆盖范围和传输速度。局域网是指在一个较小地理范围内的各种计算机网络设备互联在一起的通信网络，可以包含一个或多个子网，通常局限在几千米的范围之内。如在一个房间、一座大楼，或是在一个校园内的网络就称为局域网，图 2-1-12 就是多数计算机教室的局域网示意图。广域网（WAN）连接地理范围较大，常常是一个国家或一个大洲。其目的是为了让分布较远的各局域网互联。

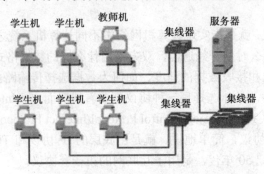

图 2-1-12　机房局域网示意图

（2）按拓扑结构分类

网络拓扑（Topology）结构是指用传输介质互连各种设备的物理布局。

① 星形拓扑结构。星形网络由中心结点和其他从结点组成，中心结点可直接与从结点通信，而从结点间必须通过中心结点才能通信。在星形网络中，中心结点通常由一种称为集线器或交换机的设备充当，因此网络上的计算机之间是通过集线器或交换机来相互通信的，这是目前局域网最常见的方式，如图 2-1-13 所示。

② 总线拓扑结构。总线形网络是一种比较简单的计算机网络结构，它采用一条称为公共总线的传输介质，将各计算机直接与总线连接，信息沿总线介质逐个结点广播传送，如图 2-1-14 所示。

③ 环形网络拓扑结构。环形网络将计算机连成一个环。在环形网络中，每台计算机按位置不同有一个顺序编号，如图 2-1-15 所示。在环形网络中信号按计算机编号顺序以"接力"方式传输，若计算机 A 欲将数据传输给计算机 D 时，必须先传送给计算机 B，计算机 B 收到信号后发现不是给自己的，于是再传给计算机 C，这样直到传送到计算机 D。

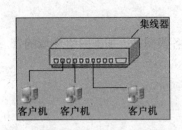
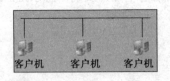
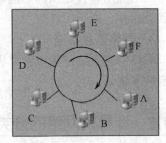

图 2-1-13　星形网络　　　图 2-1-14　总线形网络　　　图 2-1-15　环形网络

在实际应用中，上述三种类型的网络经常被综合应用，并形成互联网。互联网是指将两个或两个以上的计算机网络连接而成的更大的计算机网络。此外，还有层次结构或树形结构、网状结构和不规则结构等。

2.1.3 网络连接

1. 设置本地连接

任务 2：查看本地连接，更改网络适配器 TCP/IP 设置。

操作步骤如下：

（1）查看本地连接

在"控制面板"窗口中，单击"网络和 Internet"链接，即打开如图 2-1-16 所示的"网络和 Internet"窗口。在此窗口中，单击"网络和共享中心"链接，即打开如图 2-1-17 所示的"网络和共享中心"窗口。在"网络和共享中心"窗口中，可以查看本计算机的网络连接情况，或重新进行网络连接、共享设置等。

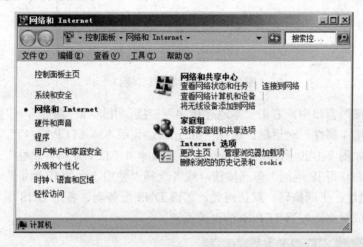

图 2-1-16　"网络和 Internet"窗口

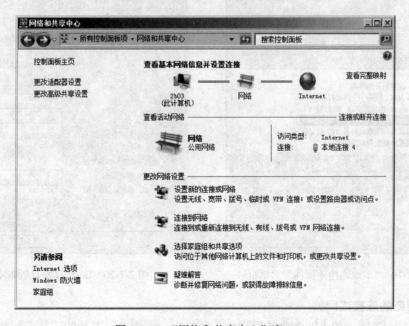

图 2-1-17　"网络和共享中心"窗口

（2）更改网络适配器 TCP/IP 设置

在"网络和共享中心"窗口中，单击左上角的"更改适配器设置"链接，即打开如图 2-1-18 所示的"网络连接"窗口。

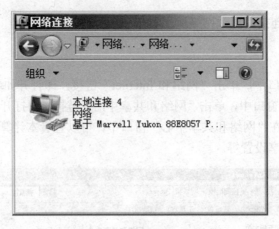

图 2-1-18 "网络连接"窗口

在"网络连接"窗口中，右击"本地连接 4"链接，并选择"属性"，即打开如图 2-1-19 所示的"本地连接 4 属性"对话框。选择"Internet 协议版本 4（TCP/IPv4）"，并单击"属性"按钮，即可打开如图 2-1-20 所示的"Internet 协议版本 4（TCP/IPv4）属性"对话框，在此对话框中选中"自动获得 IP 地址"单选按钮，或者选择"使用下面的 IP 地址"单选按钮，并按正确的实际 IP 地址、子网掩码、默认网关、首选 DNS 服务器、备用 DNS 服务器地址进行输入设置。即可完成网络适配器 TCP/IP 的更改设置。

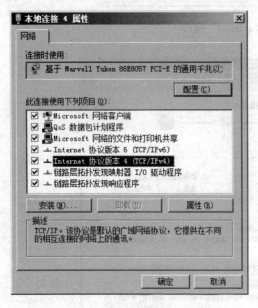

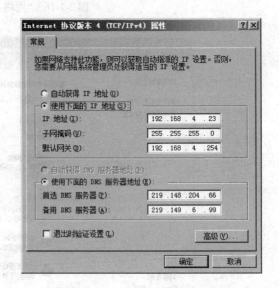

图 2-1-19 "本地连接 4 属性"对话框　　　图 2-1-20 Internet 协议版本 4 属性

2. 设置新的连接或网络

在如图 2-1-17 所示的"网络和共享中心"窗口中，找到"设置新的连接或网络"链接图标并单击，则打开如图 2-1-21 所示的"设置连接或网络"窗口。在此窗口中可以选择"连接到

Internet"、"设置新网络"、"连接到工作区"和"设置拨号连接"不同的设置。

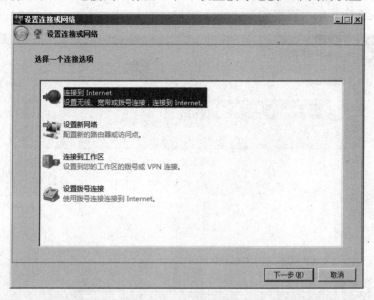

图 2-1-21 "设置连接或网络"窗口

（1）设置拨号连接

使用电话拨号上网，计算机必须安装调制解调器（Modem）。调制解调器是实现模拟信号和数字信号相互转换的硬件设备，它可以将计算机中的数字信号转换为模拟信号，以便在电话网络中传输，而到达接收端后，调制解调器会将模拟信号重新转换为数字信号，从而实现网络数据传输。

建立电话拨号连接的步骤如下。

单击"开始"、"程序"、"附件"、"通信"、"新建连接向导"，单击"下一步"按钮，选择"连接到 Internet"，单击"下一步"按钮，选择"手动设置我的连接"，单击"下一步"按钮，选择"用拨号调制解调器连接"，单击"下一步"按钮，在"ISP 名称"下面任意输入一个名字，例如，我的网络，单击"下一步"按钮，在"电话号码"里输入"16300"，单击"下一步"按钮，在"用户名"、"密码"、"确认密码"中都输入"16300"，下面三个选项保持默认选中，单击"下一步"按钮，最后在窗口中选中"在我的桌面上添加一个到此连接的快捷方式"，单击"完成"按钮就行了，此时，桌面上就会有一个叫"我的网络"的连接图标，双击它，再单击"拨号"，此时会听到 Modem 叽叽的叫，桌面上会显示正在连接，正在核对用户名和密码之类的信息，稍候，桌面右下角会出现一个网络连接状态小图标，并跳出一信息框，通知已经建立了网络连接。

由于电话网传输的是模拟信号，在发送和接收信息的时候都要进行调制和解调，所以网络速度慢，同时上网资费高，现在采用得较少。

（2）建立宽带连接

任务 3：创建一个新的宽带连接。

操作步骤如下。

① 在如图 2-1-21 所示的"设置连接或网络"窗口中，单击第一项"连接到 Internet"链接，则打开如图 2-1-22 所示的"连接到 Internet"窗口（1）。

② 在如图 2-1-22 所示的"连接到 Internet"窗口（1）中，单击"宽带（PPPoE）"链接，则打开如图 2-1-23 所示的"连接到 Internet"窗口（2）。

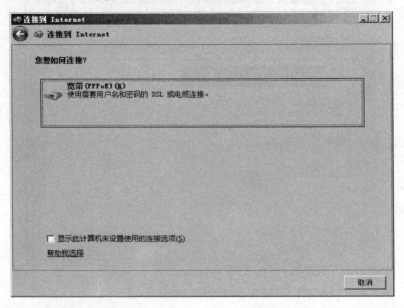

图 2-1-22 "连接到 Internet"窗口（1）

③ 在如图 2-1-23 所示的"连接到 Internet"窗口（2）中，输入用户名和密码后，单击"连接"按钮，则打开如图 2-1-24 所示的"连接到 Internet"窗口（3）。

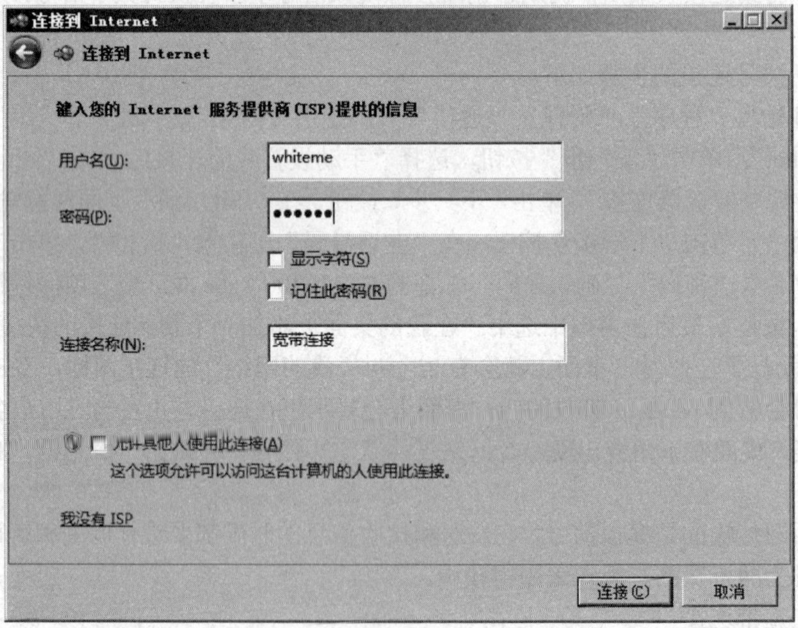

图 2-1-23 "连接到 Internet"窗口（2）

④ 在如图 2-1-24 所示的"连接到 Internet"窗口（3）中，单击"关闭"按钮即完成宽带连接设置。

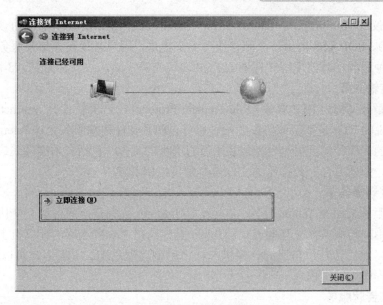

图 2-1-24 "连接到 Internet"窗口（3）

2.2 因特网基础

因特网（Internet）是在全球范围，由采用 TCP/IP 协议族的众多计算机网相互连接而成的最大的开放式计算机网络。有一种粗略的说法，认为 Internet 是由许多小的网络（子网）互联而成的一个逻辑网，每个子网中连接着若干台计算机（主机）。Internet 以相互交流信息资源为目的，基于一些共同的协议，并通过许多路由器和公共互联网而成，它是一个信息资源和资源共享的集合。Internet 能为用户提供的服务项目很多，下面做简要介绍。

1. WWW 服务

万维网（World Wide Web，WWW）是 Internet 上集文本、声音、图像、视频等多媒体信息于一身的全球信息资源网络，是 Internet 上的重要组成部分。浏览器（Browser）是用户通向 WWW 的桥梁和获取 WWW 信息的窗口，通过浏览器，用户可以在浩瀚的 Internet 海洋中漫游，搜索和浏览自己感兴趣的所有信息。

2. 电子邮件服务

E-mail 是 Internet 上使用最广泛的一种服务。用户只要能与 Internet 连接，具有能收发电子邮件的程序及个人的 E-mail 地址，就可以与 Internet 上具有 E-mail 的所有用户方便、快速、经济地交换电子邮件。可以在两个用户间交换，也可以向多个用户发送同一封邮件，或将收到的邮件转发给其他用户。电子邮件中除文本外，还可包含声音、图像、应用程序等各类计算机文件。此外，用户还可以邮件方式在网上订阅电子杂志、获取所需文件、参与有关的公告和讨论组，甚至还可浏览 WWW 资源。

收发电子邮件必须有相应的软件支持。常用的收发电子邮件的软件有 Exchange、Outlook Express 等，这些软件提供邮件的接收、编辑、发送及管理功能。大多数 Internet 浏览器也都包含收发电子邮件的功能，如 Internet Explorer 和 Navigator/Communicator。

邮件服务器使用的协议有简单邮件转输协议（Simple Mail Transfer Protocol，SMTP）、电子邮件扩充协议（Multipurpose Internet Mail Extensions，MIME）和邮局协议（Post Office Protocol，POP）。POP 服务需由一个邮件服务器来提供，用户必须在该邮件服务器上取得账号才可能使用这种服务。目前使用较普遍的 POP 协议为第 3 版，故又称为 POP3 协议。

3. 文件传输服务

文本传输服务又称为 FTP 服务（File Transfer Protocol）。FTP 协议是 Internet 上文件传输的基础，通常所说的 FTP 是基于该协议的一种服务。FTP 文件传输服务允许 Internet 上的用户将一台计算机上的文件传输到另一台上，几乎所有类型的文件，包括文本文件、二进制可执行文件、声音文件、图像文件、数据压缩文件等，都可以用 FTP 传送。

4. 远程登录服务

远程登录服务又称为 Telnet 服务。Telnet 是 Internet 远程登录服务的一个协议，该协议定义了远程登录用户与服务器交互的方式。Telnet 允许用户在一台连网的计算机上登录到一个远程分时系统中，然后像使用自己的计算机一样使用该远程系统。一般用户可以通过 Windows 的 Telnet 客户程序进行远程登录。

5. 电子公告牌服务

BBS（Bulletin Board Service，公告牌服务）是 Internet 上的一种电子信息服务系统。如今，BBS 已经形成了一种独特的网上文化。网友们可以通过 BBS 自由地表达他们的思想、观念。BBS 实际上也是一种网站，从技术角度讲，电子公告板实际上是在分布式信息处理系统中，在网络的某台计算机中设置的一个公共信息存储区。任何合法用户都可以通过 Internet 或局域网在这个存储区中存取信息。

6. 博客与微博

博客（Blog），即网络日志是因特网提供的一种比较新的服务，现在被广泛地使用。它是一种通常由个人管理、不定期张贴新的文章的网站。博客上的文章通常根据张贴时间，以倒序方式由新到旧排列。一个典型的博客结合了文字、图像、其他博客或网站的链接及其他与主题相关的媒体，能够让读者以互动的方式留下意见。大部分的博客内容以文字为主，仍有一些博客专注在艺术、摄影、视频、音乐、播客等各种主题上。博客是社会媒体网络的一部分。

博客按照功能分为基本博客和微型博客（微博），基本博客是 Blog 中最简单的形式。单个的作者对于特定的话题提供相关的资源，发表简短的评论。微型博客目前是全球最受欢迎的博客形式，博客作者不需要撰写很复杂的文章，而只需要书写 140 个字（这是大部分的微博字数限制，网易微博的字数限制为 163 个字）内的文字即可。

7. 电子商务

电子商务是基于因特网的一种新的商业模式，其特征是商务活动在因特网上以数字化电子方式完成。电子商务通常是指在全球各地广泛的商业贸易活动中，在因特网开放的网络环境下，基于浏览器/服务器应用方式，买卖双方不谋面地进行各种商贸活动，实现消费者的网上购物、商户之间的网上交易和在线电子支付以及各种商务活动、交易活动、金融活动和相关的综合服务活动的一种新型的商业运营模式。

2.3 浏览器的使用

网页浏览器是显示网页服务器或档案系统内的文件，并让用户与这些文件互动的一种软件。它用来显示在万维网或局域网上的文字、影像及其他资讯。个人计算机上常见的网页浏览器包括微软的 Internet Explorer、Mozilla Firefox（火狐）、360 安全浏览器、搜狗高速浏览器、世界之窗、傲游浏览器、百度浏览器、腾讯 QQ 浏览器等。本书中介绍 IE 浏览器的使用，其他的浏览器有与之相似的用法。IE 是 Internet Explorer 的简称，是微软公司捆绑在 Windows 系统上的组件之一，是专门用于查看 Web 页的软件工具。IE 也随着 Windows 的发展，产生了很多的版本，目前最新的是 IE10，在 Windows XP 上使用较多的是 IE6。

2.3.1 浏览网页

连接到 Internet 以后，双击桌面上的"IE 浏览器"图标，就可以打开浏览器，如图 2-3-1 所示。

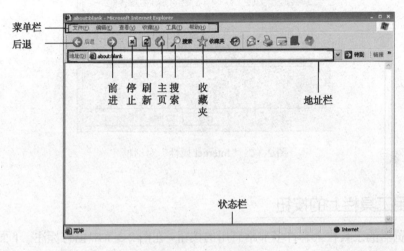

图 2-3-1 IE6 界面

网页是一个 Web 的图形化用户界面。在界面上可以浏览 Internet 上的任何文档，这些文档与它们之间的链接一起构成了一个庞大的信息网，网上具有全世界所有国家或地区的各类信息。用户想要浏览网页最简单的方法就是在地址栏中输入网址，单击"转到"按钮或按【Enter】键即可。例如，我们希望上新浪网站，可以在地址栏中直接输入 http://www.sina.com.cn 并按【Enter】键，此时就会打开新浪的主页。在网页中的一些图片或文字，当鼠标滑过时，变为手形，表明此处含有超链接，可以在此处单击鼠标打开对应链接的网页。

2.3.2 设置主页

"主页"是网站设置的起始页，也是打开浏览器时开始浏览的那一页。

需要经常浏览的网页，可将其设为主页，这样每次启动 IE 浏览器或单击工具栏上的"主页"按钮时就会显示该页。设置操作步骤如下：

① 打开要设置成主页的网页。

② 选择"工具"→"Internet 选项"命令，弹出"Internet 属性"对话框，如图 2-3-2 所示。

③ 选择"常规"选项卡。

④ 在"主页"栏，单击"使用当前页"按钮或者直接在"地址"栏中输入主页的网址即可；如果要恢复原来的主页，只要单击"使用默认值"按钮即可；如果用空白页做主页，单击

"使用新选项卡"按钮。

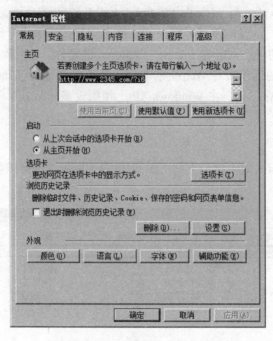

图 2-3-2 "Internet 属性"对话框

2.3.3 使用工具栏上的按钮

在 IE 浏览器的工具栏上有许多非常有用的按钮,在图 2-3-1 中也有标注,下面简单介绍各个按钮的作用和用法。

(1)"主页"按钮

无论在任何页面,单击该按钮,就会回到主页。

(2)"后退"和"前进"按钮

在刚打开浏览器的时候,"后退"和"前进"按钮都是灰色的不可操作状态,当单击某个超链接打开一个新的网页时,"后退"按钮就变成黑色的可操作状态。当浏览的网页逐渐增多,又想退回去查看已浏览过的网页时,单击"后退"按钮即可达到目的。单击"后退"按钮后,"前进"按钮就成为激活状态,单击"前进"按钮,就前进到刚才打开的那一页。"后退"或"前进"按钮通常可转到最近的那一页,如果打开很多页面,要退回或前进到某一页面时,可以单击"后退"或"前进"按钮右侧的下三角按钮,打开一个排列着曾经打开过的页面目录的菜单。在这个菜单中,如果想要重新浏览某一页,单击即可转到相应的网页。

(3)"刷新"按钮

当长时间浏览网页时,可能这一网页已经更新,特别是一些提供实时信息的网页,如股市行情、一些新闻性很强的图片等。这时,为了得到最新的网页信息,可以单击"刷新"按钮来实现网页的更新。另外,当网络比较拥堵时,网页上的有些图片不能显示或不能完全显示,这时单击"刷新"按钮,可以重新显示这些图片。

(4)"停止"按钮

有时由于网络比较拥堵或其他原因,网上的传输速度会很慢,当使用 IE 打开一些数据较大的文件时，会等待很长的时间，或者当下载某个文件到一部分时，又改变主意。这时，单击工具栏上的"停止"按钮，就会立即终止浏览器的访问。

（5）"搜索"按钮

① 单击工具栏中的"搜索"按钮，在浏览器窗口的左侧就会出现"搜索"窗口。

② 在"搜索"窗口中的"查找包含下列内容的网页"文本框中输入想要找的网站的关键词。

③ 单击"搜索"按钮，稍后就可以得到一个与关键词有关的搜索结果列表，要搜索的网站就在其中。例如，要找教育类的网站，输入"教育"后，单击"搜索"按钮，就会出现与教育有关的很多网站地址，单击要找的网站的链接，就可以打开相应的网站。

④ 再次单击"搜索"按钮，就可以关闭"搜索"对话框。

2.3.4 收藏网址

1. 添加网址到收藏夹

通过将 Web 页添加到"个人收藏夹"列表，可以使浏览器保存一些需要经常访问的网址，以便下次访问时能够快速将其调出。

收藏网址的操作步骤如下：

① 单击"收藏"按钮，在屏幕的左边出现如图 2-3-3 所示的"收藏夹"菜单。

② 单击"收藏夹"菜单中的"添加到收藏夹"命令，弹出如图 2-3-4 所示的"添加到收藏夹"对话框。

图 2-3-3 "收藏夹"菜单

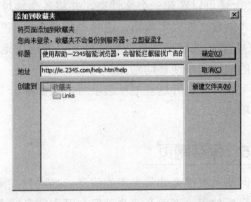

图 2-3-4 "添加到收藏夹"对话框

③ 这时，"添加到收藏夹"对话框的"标题"框会自动显示当前 Web 网页的名称，如果直接单击"确定"按钮，将以此名称保存到收藏夹中。如果愿意自己起一个好记的名称，可将光标移到"标题"文本框中，输入自定义的名称，单击"确定"按钮即可。每次需要打开该网页时，无论当前打开了什么网页，只要单击工具栏上的"收藏"按钮，然后单击收藏夹列表中该页的名称即可。

2. 整理收藏夹

随着用户不断地向收藏夹中添加信息，收藏夹中的东西会越来越多，而以前收藏的一些网址可能现在已没必要继续保存，所以需要整理收藏夹。整理收藏夹的操作步骤如下：

① 单击"收藏夹"菜单中的"整理收藏夹"命令,打开"整理收藏夹"窗口,如图 2-3-5 所示。

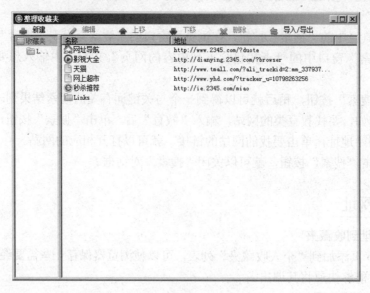

图 2-3-5 "整理收藏夹"窗口

② 按照窗口中的提示对收藏夹进行整理。要删除某一选项,选中该选项,然后单击"删除"按钮。

③ 还可以新建一个文件夹,并将各个地址选项移动到文件夹中。要新建一个文件夹,可单击"创建文件夹"按钮,这时"整理文件夹"窗口右边出现一个新建文件夹。

④ 要把地址选项移动到文件夹,先选中地址选项,然后单击"移动到文件夹"按钮,被选中的地址选项便移动到文件夹中。

下次需要打开这些地址选项时,只要单击"文件夹"图标,就会打开文件夹,释放出各地址选项。

2.3.5 保存网页

网络上有很多非常有用的信息。当用户在网上找到需要的信息时,可以将它们保存下来,以便日后使用。下面介绍几种保存网上信息的方法。

1. 保存当前页

① 在已打开的网页中,单击"文件"→"另存为"命令,弹出如图 2-3-6 所示的"保存网页"对话框。

② 在"保存在"下拉列表框中选择准备用于保存网页的盘符。

③ 双击用于保存网页的文件夹。

④ 在"文件名"下拉列表框中,输入网页的名称。

⑤ 在"保存类型"下拉列表框中,选择文件类型。

在"保存类型"下拉列表框中,有 4 种文件类型可以选择,它们的内容如下:

① "网页,全部"是指要保存显示该网页所需要的全部文件,包括图像、框架和样式表,单击该选项将按原格式保存所有文件。

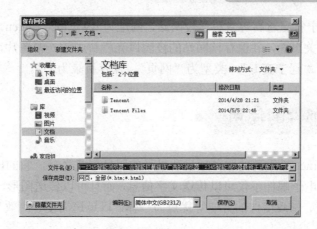

图 2-3-6 "保存网页"对话框

②"Web 档案,单一文件"是指把显示该网页所需的全部信息保存在一个 MIME 编码的文件中,单击该选项将保存当前网页的可视信息。该选项只有安装 Outlook Express 5 或更高版本后才能使用。

③"网页,仅 HTML"是指只保存当前 HTML 页,单击该选项只保存网页信息,不保存图像、声音或其他文件。

④"文本文件"是指只保存当前网页的文本,单击该选项将以纯文本格式保存网页信息。

2. 保存网页中的图片

浏览网页时,会有很多美丽的图片,如果想保存这些图片以备将来参考或与他人共享,操作步骤如下:

① 选中要保存的图片,右击鼠标,弹出快捷菜单。
② 单击"图片另存为"命令,弹出"保存图片"对话框。
③ 在"保存图片"对话框中选择保存图片路径、输入文件名、选择好保存文件类型。
④ 单击"保存"按钮,图片保存完毕。

3. 下载文件

网络上有很多资源,比如说文档、音乐、视频等,希望下载下来,方法是在资源对应的超链接上单击,弹出如图 2-3-7 所示的"新建下载任务"对话框,单击"保存"按钮,在"保存"对话框中输入名称,指定保存的目录单击"确定"按钮,视文件大小和网速快慢,决定下载的时间,下载完毕会出现"完成提示"对话框。也可以借助下载工具进行下载,在以后的章节中学习。

图 2-3-7 "新建下载任务"对话框

任务 4：打开辽宁省交通高等专科学校网站，网址为 www.lncc.edu.cn，并把该网址设为主页，浏览该网站的相关页面，并保存该网站的校园风光栏目中的一幅图片，最后把该网站主页保存下来，保存名为"辽宁交专"，类型为"网页"，保存目录为 D:\。

2.4 电子邮件的使用

电子邮件是 Internet 最重要的服务项目和最早的服务形式之一，它的出现使人类的交流方式发生了重大改变。电子邮件不仅可以传送文字信息，而且可以传送图形、图像、声音等信息，它集电话的实时快捷、邮政信件的方便等优点为一体，以迅速简便、高效节约、功能强大而受到全世界用户的青睐。

2.4.1 申请免费邮箱

电子邮件的收发需要电子邮箱，所以在使用电子邮件之前，需要申请一个电子邮箱。目前，国内大部分网站仍然提供免费邮箱。在各个网站申请免费邮箱的步骤大体相同。下面以在新浪网站申请免费邮箱的方法为例进行介绍。

① 打开"新浪"主页：www.sina.com.cn，单击栏目区的"邮箱"链接，在打开的页面中单击"注册免费邮箱"按钮，打开如图 2-4-1 所示的页面。

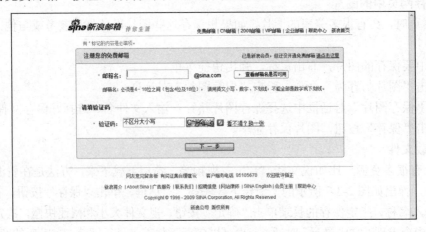

图 2-4-1 注册邮箱第一步

② 输入想注册的信箱名称及验证码，单击"下一步"按钮，进入"新浪免费邮箱"的第二个页面，按格式输入一些个人信息后，单击"提交"按钮即可完成邮箱的注册。

2.4.2 阅读电子邮件

阅读电子邮件，首先要打开邮箱。在新浪主页上输入"登录名"和"密码"并选择"免费邮箱"后单击"登录"按钮进入免费邮箱页面，如图 2-4-2 所示。

在邮箱页面中，系统显示收到多少邮件，占用多少空间等信息。单击"收件夹"链接，就可以打开"收件夹"窗口，系统会显示收到的所有邮件列表。在邮件列表框中显示邮件的发信人、发信时间、邮件主题以及此邮件的字节数。单击任意一个邮件的主题，就可以打开这个邮件。进入"阅读邮件内容"页面。如果打开的邮件包含附件文件,那么在邮件正文的下面将显示附件文件的链接,只要单击该链接即可打开或下载附件。

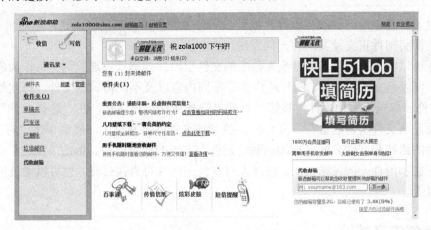

图 2-4-2 邮箱页面

2.4.3 书写电子邮件

单击新浪邮件页面的"写信"按钮,进入写邮件页面,如图 2-4-3 所示。

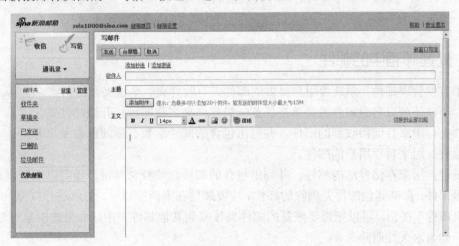

图 2-4-3 写邮件页面

新浪邮件支持书写文本格式的邮件,如果邮件正文中包含 HTML 格式,邮件正文会以附件的形式发给对方。下面详细介绍编写邮件的方法。

1. 填写收件人地址

在"收件人"文本框内,输入对方的 E-mail 地址。当有多个地址时用逗号或分号分隔开,如果建有通讯录,也可以打开"通讯录"窗口,选中收件人的地址,单击"确定"按钮,将所选地址添加到输入框。这种方法比直接输入更简单,而且准确,不容易出错。

2. 书写邮件的主题和正文

在"主题"文本框中输入所发出邮件的主题,该主题将显示在收件人收件夹的"主题"区。书写正文。将光标定位在"正文"区内,然后输入邮件正文的内容。

2.4.4 发送电子邮件

发送电子邮件之前，要确认收件人地址、邮件主题和正文都正确无误，然后单击"发送"按钮，系统便将邮件正文及其附件一同发送出去。

用户还可以将本地硬盘、磁盘或光盘中的文件以附件的形式发送给对方。作为附件的文件类型不限，可以是文本、图像、图片或声音等不同内容以及不同格式的文件。每次最多可以发送 20 个文件。单击"添加附件"按钮，打开"选择文件"对话框，在"选择文件"对话框中通过单击要发送文件所在的盘符、文件夹，找到该文件并将其选中，然后单击"打开"按钮，要发送文件的路径和文件名就自动添加到"附件"右侧的地址框中。单击"发送"按钮，系统便将邮件正文和附件一同发送出去。收件人对收到的附件可直接打开，也可以通过网络下载到本地计算机上。

2.4.5 回复电子邮件

收到别人寄来的电子邮件后，如果需要回复，可以单击"回复"按钮。单击"回复"按钮以后，系统将自动打开"写邮件"页面。同时寄件人的 E-mail 地址和邮件主题将自动添加到要回复邮件的收件人地址框和主题框里，其中主题成为"回复：+原邮件的主题"。

单击"转发"按钮可以将收到的邮件转发给其他人。转发邮件时系统自动填写邮件主题为"转发：+原邮件的主题"。

2.4.6 处理邮箱中的邮件

为了方便管理邮件，系统为用户提供的邮件夹有收件夹、草稿夹、已删除、垃圾邮件和代收邮箱，用户还可以自建邮件夹。单击任意一类邮件夹名称即可打开该邮件夹。

收件夹：用来存储接收到的邮件，并列出包含的邮件总数、新邮件数及总容量。

草稿夹：用来暂存用户的邮件。

已发送：用来存储发送的邮件，并列出包含的邮件总数及总容量，还可以重新发送邮件。

垃圾邮件：存储其他邮件夹删除的邮件。垃圾邮件在未清空以前，可以进行恢复，单击"这不是垃圾邮件"按钮，可以把想要恢复的邮件夹恢复到其他邮件夹中。如果选中某一邮件并单击删除，则为永久性删除。

已删除：显示已经删除的邮件。

代收邮件：用新浪邮箱收取、管理其他邮箱的邮件。

用户也可以建立新的邮件夹，在页面中单击"新建"链接，打开"邮箱设置"界面。输入新邮件夹名称后，单击"新建邮件夹"按钮即可。邮件夹名称可以是数字、字符和汉字，也可以是长邮件夹名，但不能与系统提供的邮件夹名称相同。

1. 重新命名邮件夹

对新建的邮件夹可以重新命名。单击要重新命名的邮件夹前的复选框选中该邮件夹，单击页面下方的"重命名"链接，弹出"Explorer用户提示"对话框，在文本框中输入新的名称后，单击"确定"按钮，邮件夹更名完毕。

2. 删除邮件

删除当前邮件,即已打开的邮件,直接单击"删除"按钮即可把该邮件删除。

删除未打开的邮件夹,选中邮件左边的复选框,单击"删除"按钮,邮件便被删除。

3. 转移邮件

选中要转移的邮件,单击"移动到"右侧的下拉按钮,弹出下拉菜单,从中选择相应的选项即可把邮件转移到相应的位置。

4. 删除邮件夹

单击"管理"链接,打开"邮箱设置"界面,单击相应的"删除"链接即可将相应的邮件夹删除。

5. 返回收件夹

在进行完任意一项操作后要返回收件夹,单击左侧菜单中的"收件夹"链接即可返回"收件夹"界面。此外,还可以设置"邮件过滤"功能。读者可以自己练习设置。

2.4.7 通讯录

当用户经常收发邮件而且联系人较多时,可以设置通讯录,以便更快速高效的收发邮件。通过单击邮箱中的通讯录,切换到"通讯录"界面,如图2-4-4所示,可以新建联系人,对联系人分组等,当通讯录建立好以后,就可以直接在通讯录中选择收件人了。

图2-4-4 邮箱通讯录

任务5:申请一个免费邮箱,申请的网站不限,申请好邮箱后,相邻两个同学为一组,互相告知邮箱地址,并互相发送一封邮件,邮件的主题为"校园风光",内容为"这是我们学校的校园风光图片。",附件为在任务4中保存的网页图片。当收到对方邮件后,打开邮件,把邮件中的附件下载下来。

2.5 其他网络应用与软件

2.5.1 搜索引擎的使用

1. 搜索引擎定义

因特网上有海量的资源和信息,在使用时希望快速地找到具有某个特征的信息或者某一类信息,就可以使用搜索引擎来帮助我们完成。搜索引擎的主要功能是给人们搜索网页提供方便。

它还会分门别类地把一些好的站点列出来,以方便查找资料。搜索引擎特别适合初学者,因为初学者刚刚上网时往往不知怎样获取知识,有了搜索引擎,用户就能很容易地找到想要的内容或站点。

2. 使用技巧

选择搜索关键词的原则是,首先确定所要达到的目标,在头脑里要形成一个比较清晰的概念,即要找的到底是什么?是资料性的文档?还是某种产品或服务?然后再分析这些信息都有些什么共性,以及区别于其他同类信息的特性,最后从这些方向性的概念中提炼出此类信息最具代表性的关键词。如果这一步做好了,往往就能迅速地定位要找的东西,而且大多数时候根本不需要用到其他更复杂的搜索技巧。给出的搜索条件越具体,搜索引擎返回的结果也会越精确。

(1) 简单查询

在搜索引擎中输入关键词,然后单击"搜索"就行了,系统很快会返回查询结果,这是最简单的查询方法,使用方便,但是查询的结果却不准确,可能包含着许多无用的信息。

(2) 精确匹配——双引号("")

给要查询的关键词加上双引号(半角,以下要加的其他符号同此),可以实现精确的查询,这种方法要求查询结果要精确匹配,不包括演变形式。例如,在搜索引擎的文字框中输入"电传",它就会返回网页中有"电传"这个关键字的网址,而不会返回诸如"电话传真"之类网页。

(3) 同时包含多关键字——加号(+)

在关键词的前面使用加号,也就等于告诉搜索引擎该单词必须出现在搜索结果中的网页上,例如,在搜索引擎中输入"+计算机+电话+传真"就表示要查找的内容必须要同时包含"计算机、电话、传真"这三个关键词。

(4) 不包含关键字——减号(-)

在关键词的前面使用减号,也就意味着在查询结果中不能出现该关键词,例如,在搜索引擎中输入"电视台-中央电视台",它就表示最后的查询结果中一定不包含"中央电视台"。

(5) 通配符(*和?)

通配符包括星号(*)和问号(?),前者表示匹配的数量不受限制,后者匹配的字符数要受到限制,主要用在英文搜索引擎中。例如,输入"computer*",就可以找到"computer、computers、computerised、computerized"等单词,而输入"comp?ter",则只能找到"computer、compater、competer"等单词。

(6) 使用布尔检索

所谓布尔检索,是指通过标准的布尔逻辑关系来表达关键词与关键词之间逻辑关系的一种查询方法,这种查询方法允许我们输入多个关键词,各个关键词之间的关系可以用逻辑关系词来表示。

and 称为逻辑"与",用 and 进行连接,表示它所连接的两个词必须同时出现在查询结果中,例如,输入"computer and book",它要求查询结果中必须同时包含 computer 和 book。

or 称为逻辑"或",它表示所连接的两个关键词中任意一个出现在查询结果中就可以,例如,输入"computer or book",就要求查询结果中可以只有 computer,或只有 book,或同时包含 computer 和 book。

not 称为逻辑"非",它表示所连接的两个关键词中应从第一个关键词概念中排除第二个关键词，例如输入"automobile not car"，就要求查询的结果中包含 automobile（汽车），但同时不能包含 car（小汽车）。

near 表示两个关键词之间的词距不能超过 n 个单词。

（7）使用括号

当两个关键词用另外一种操作符连在一起，而又想把它们列为一组时，就可以对这两个词加上圆括号。

（8）使用元词检索

大多数搜索引擎都支持"元词"（Metawords）功能，依据这类功能用户把元词放在关键词的前面，这样就可以告诉搜索引擎想要检索的内容具有哪些明确的特征。例如，在搜索引擎中输入"title：清华大学"，就可以查到网页标题中带有清华大学的网页。在键入的关键词后加上"domainrg"，就可以查到所有以 org 为后缀的网站。

其他元词还包括 image：用于检索图片；link：用于检索链接到某个选定网站的页面；URL：用于检索地址中带有某个关键词的网页。

（9）区分大小写

这是检索英文信息时要注意的一个问题，许多英文搜索引擎可以让用户选择是否要求区分关键词的大小写，这一功能对查询专有名词有很大的帮助，例如，Web 专指万维网或环球网，而 web 则表示蜘蛛网。

任务 6：利用百度搜索引擎搜索名为"最炫民族风"的 MP3；搜索具有动态效果的 GIF 格式图片，不包括"人物"。下载其中的 10 幅图片。

2.5.2 文献检索

在工作和学习过程中想要查找一些论文，虽然可以通过搜索引擎来帮助，但并非专业的方法，现在很多论文库可以帮助我们来查找和下载这些文献，这就用到了文献检索。

文献检索是一项实践性很强的活动，它要求我们善于思考，并通过经常性的实践，逐步掌握文献检索的规律，从而迅速、准确地获得所需文献。一般来说，文献检索可分为以下步骤。

① 明确查找目的与要求。② 选择检索工具。③ 确定检索途径和方法。④ 根据文献线索，查阅原始文献。

下面以中国知网 CNKI 为例进行文献检索。在使用 CNKI 文献库时须先注册，检索到需要的文献后想要下载需付费，但作为在校大学生，大学都会整体购买数据库，所以在校大学生在校园网内登录 CNKI 数据库并下载文献是免费的。

首先登录"辽宁省交通高等专科学校"的主页，访问图书馆，在图书馆页面上单击中国知网 CNKI 的链接，再单击"教育网访问地址"，就可以登录到 CNKI 数据库，如图 2-5-1 所示。

在该页面中单击"学术文献总库"，进入到检索页面，如图 2-5-2 所示。在该页面的左侧是文献类别，缩小类别可以提高检索速度，可以根据自己的需要选择检索的范围。在该页面的右上部是"检索范围控制条件"和"目标文献内容特征"，在这些项目中填写检索要求，没有约束的条件可以空，然后单击"检索文献"按钮就可以检索到符合要求的文献了，单击对应文献的名称，可以打开查看文献摘要的页面，在该页面中可以选择下载文件的格式，如 PDF 或 CAJ，单击"下载"按钮就可以下载保存了。

计算机应用基础教程（Windows 7+Office 2010）

图 2-5-1　CNKI 中国知网

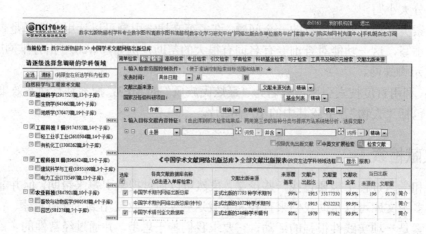

图 2-5-2　CNKI 总库检索

任务 7：请利用学校图书馆的电子资源，检索两篇跟自己专业相关的，2010 年以后发表的学术论文，并下载保存。

2.5.3　压缩/解压工具软件

在网络上存储和传输文件时，由于文件比较多，可以对多个文件进行打包压缩，在下载后再进行解压缩操作。常用的压缩软件也很多，最为广泛的就是 WinRAR。下面就将它的用法做简单介绍。

在网站上下载了 WinRAR 软件后就可以按照提示步骤进行安装，然后就可以进行压缩也解压缩的操作了。比如有 10 张图片，想通过邮件发送给好友，就可以将这些图片压缩，打包后发送。方法是选择这 10 张图片，右击，在弹出的如图 2-5-3 所示的压缩快捷菜单中选择"添加到压缩文件"或者"添加到'Pictures.rar'"选项，后一种方式直接用图片所在文件夹命名压缩包，前一种方式会出现如图 2-5-4 所示的"压缩文件名和参数"对话框，在该对话框中可以进行进一步的设置，包括压缩文件名、压缩文件格式、压缩方式、压缩选项等。设置好后，单击"确定"按钮，就开始压缩，如果文件较多较大，压缩需要一小段时间，压缩完成后，会出现一个压缩包文件，如图 2-5-5 所示。

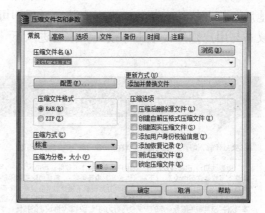

图 2-5-3　压缩快捷菜单　　　图 2-5-4　"压缩文件名和参数"对话框　　　图 2-5-5　压缩文件

解压缩的过程相当于压缩的逆过程，只需要双击压缩文件，就可以查看压缩包里的文件，如图 2-5-6 所示，要想还原压缩的文件，在工具栏上单击"解压到"按钮，进行相关设置即可。也可以通过右击压缩文件，快速解压文件。

图 2-5-6　解压压缩文件

任务 8：利用 WinRAR 软件，将任务 6 中下载的图片进行压缩后，再解压缩。

2.5.4　下载工具软件

1. 迅雷

迅雷是一款下载软件，支持同时下载多个文件，支持 BT、电驴文件下载，是下载电影、视频、软件、音乐等文件所需要的软件。目前使用广泛的是迅雷 7。迅雷使用先进的超线程技术基于网格原理，能够将存在于第三方服务器和计算机上的数据文件进行有效整合，通过这种先进的超线程技术，用户能够以更快的速度从第三方服务器和计算机获取所需的数据文件。这种超线程技术还具有互联网下载负载均衡功能，在不降低用户体验的前提下，迅雷网络可以对服务器资源进行均衡，有效降低了服务器负载。

（1）软件安装

软件下载到本地后，打开软件安装包，出现安装向导后即可开始安装，如图 2-5-7 所示。此图为迅雷安装协议书与用户须知，单击"接受"按钮进入下一步操作，按照提示进行设置，直到安装完成。

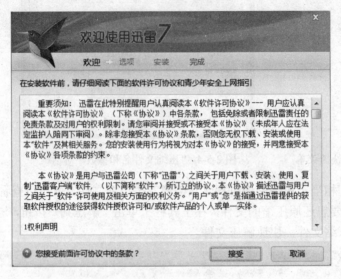

图 2-5-7　迅雷安装

（2）软件界面

安装完成后，会自动运行迅雷，出现如图 2-5-8 所示的迅雷界面，软件运行后请先设置"设置向导"，如图 2-5-9 所示，可以单击"一键设置"按钮，也可以单击"下一步"按钮按照自己喜欢的方式一步一步设置。

图 2-5-8　迅雷界面

图 2-5-9　迅雷配置

（3）下载

下面以在多特软件站下一个软件为例。

① 右键下载。

首先打开多特迅雷 7 的下载页面，在下载地址栏右键单击任一下载点，在弹出的右键菜单中选择"使用迅雷下载"，这时迅雷 7 会弹出"新建任务"对话框，如图 2-5-10 所示。此为默认下载目录，用户可自行更改文件下载目录。目录设置好后单击"立即下载"按钮，下载完成后的文件会显示在左侧"已完成"的目录内,用户可自行管理。到此步骤为止,一个软件就这样下载好了!

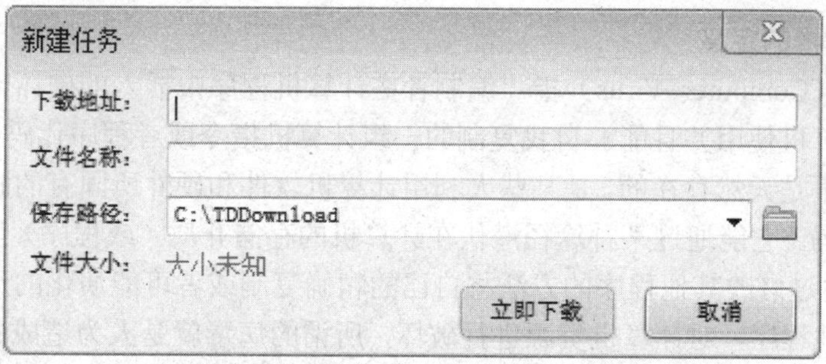

图 2-5-10 迅雷新建任务

② 直接下载。

如果知道一个文件的绝对下载地址,例如,http://3.duote.com.cn/thunder.exe,那么可以先复制此下载网址,复制之后迅雷 7 会自动感应出来弹出"新建任务"对话框,也可以单击迅雷 7 主界面上的"新建"按钮,将刚才复制的下载地址粘贴在新建任务栏上。

任务 9:利用迅雷,下载"美图秀秀"软件。

2. FlashGet 网际快车

快车采用基于业界领先的 MHT 下载技术给用户带来超高速的下载体验;全球首创 SDT 插件预警技术充分确保安全下载;兼容 BT、传统(HTTP、FTP 等)等多种下载方式更能充分享受互联网海量下载的乐趣。下载的最大问题是什么——速度,其次是什么——下载后的管理。网际快车的安装与迅雷相似,在使用时也有一些共同之处,在下载时选择什么工具多数是由提供下载资源的网站和用户的习惯决定。

2.6 计算机信息安全

2.6.1 网络安全的重要性及面临的威胁

计算机网络是信息社会的基础,已经进入社会的各个角落。经济、文化、军事和社会生活越来越多地依赖计算机网络。网络上的信息安全,它涉及的领域相当广泛。网络系统的硬、软件及其系统中的数据受到保护,不受偶然的或者恶意的原因而遭到破坏、更改、泄露。系统连续可靠正常地运行,网络服务不被中断。Internet 本身的开放性、跨国界、无主管、不设防、无法律约束等特性,带来了一些不容忽视的问题,网络安全就是其中最为显著的问题之一。

目前网络与计算机所面临的威胁如下:

① 黑客攻击;

② 病毒与木马;

③ 管理安全与内部攻击;

④ 信息垃圾。

2.6.2 计算机病毒及其防治

1. 计算机病毒的定义

计算机病毒（Computer Virus）指"编制者在计算机程序中插入的破坏计算机功能或者破坏数据，影响计算机使用并且能够自我复制的一组计算机指令或者程序代码"。

计算机病毒不是天然存在的，是某些人利用计算机软件和硬件所固有的脆弱性编制的一组指令集或程序代码。它能通过某种途径潜伏在计算机的存储介质（或程序）里，当达到某种条件时即被激活，通过修改其他程序的方法将自己的精确复制或者可能演化的形式放入其他程序中，从而感染其他程序，对计算机资源进行破坏，所谓的病毒就是人为造成的，对其他用户的危害性很大。

2. 常见计算机病毒

2007年，熊猫烧香病毒，会使所有程序图标变成熊猫烧香，并使它们不能应用。

2008年，扫荡波病毒，这个病毒可以导致被攻击者的机器被完全控制。

2009年，木马下载器病毒，中毒后会产生1000~2000不等的木马病毒，导致系统崩溃。

2010年，鬼影病毒，该病毒成功运行后，在进程中、系统启动加载项里找不到任何异常，病毒代码写入MBR寄存，即使格式化重装系统，也无法将彻底清除该病毒。犹如"鬼影"一般"阴魂不散"，所以称为"鬼影"病毒。鬼影有上次变种，分别为鬼影、魅影、魔影。都具有很强的隐蔽性和破坏性。

2010年，极虎病毒，该病毒类似qvod播放器的图标。感染极虎之后可能会遭遇的情况：计算机进程中莫名其妙的有ping.exe和rar.exe进程，并且CPU占用很高，风扇转的很响很频繁（手提电脑），并且这两个进程无法结束。某些文件会出现usp10.dll、lpk.dll文件，杀毒软件和安全类软件会被自动关闭如瑞星、360安全卫士等如果没有及时升级到最新版本都有可能被停掉。破坏杀毒软件，系统文件，感染系统文件，让杀毒软件无从下手。极虎病毒最大的危害是造成系统文件被篡改，无法使用杀毒软件进行清理，一旦清理，系统将无法打开和正常运行，同时基于计算机和网络的账户信息可能会被盗，如网络游戏账户、银行账户、支付账户以及重要的电子邮件账户等。

2011年，宝马病毒作为360安全卫士计算机病毒之首，会破坏计算机软件，并使杀毒软件和安全类软件会被自动关闭。

3. 计算机病毒的特征

（1）繁殖性

计算机病毒可以像生物病毒一样进行繁殖，当正常程序运行的时候，它也进行自身复制，是否具有繁殖、感染的特征是判断某段程序为计算机病毒的首要条件。

（2）传染性

计算机病毒不但本身具有破坏性，更有害的是具有传染性，一旦病毒被复制或产生变种，其速度之快令人难以预防。传染性是病毒的基本特征。在生物界，病毒通过传染从一个生物体扩散到另一个生物体。在适当的条件下，它可得到大量繁殖，并使被感染的生物体表现出病症甚至死亡。同样，计算机病毒也会通过各种渠道从已被感染的计算机扩散到未被感染的计算机，在某些情况下造成被感染的计算机工作失常甚至瘫痪。与生物病毒不同的是，计算机病毒是一段人为编制的计算机程序代码，这段程序代码一旦进入计算机并得以执行，它就会搜寻其他符合其传染条件的程序或存储介质，确定目标后再将自身代码插入其中，达到自我繁殖的目的。只要一台计算机染毒，如不及时处理，那么病毒会在这台计算机上迅速扩散，计算机病毒可通过各种可能的渠道，如软盘、硬盘、移动硬盘、计算机网络去传染其他的计算机。当在一台机器上发现了病毒时，曾在这台计算机上用过的软盘往往已感染上了病毒，而与这台机器相联网的其他计算机也许已被该病毒染上了。是否具有传染性是判别一个程序是否为计算机病毒的最重要条件。

（3）潜伏性

有些病毒像定时炸弹一样，让它什么时间发作是预先设计好的。比如黑色星期五病毒，不到预定时间一点都觉察不出来，等到条件具备的时候一下子就爆炸开来，对系统进行破坏。一个编制精巧的计算机病毒程序，进入系统之后一般不会马上发作，因此病毒可以静静地躲在磁盘或磁带里待上几天，甚至几年，一旦时机成熟，得到运行机会，就又要四处繁殖、扩散，继续危害。潜伏性的第二种表现是指，计算机病毒的内部往往有一种触发机制，不满足触发条件时，计算机病毒除了传染外不做什么破坏。触发条件一旦得到满足，有的在屏幕上显示信息、图形或特殊标记，有的则执行破坏系统的操作，如格式化磁盘、删除磁盘文件、对数据文件做加密、封锁键盘以及使系统死锁等。

（4）隐蔽性

计算机病毒具有很强的隐蔽性，有的可以通过病毒软件检查出来，有的根本就查不出来，有的时隐时现、变化无常，这类病毒处理起来通常很困难。

（5）破坏性

计算机中毒后，可能会导致正常的程序无法运行，把计算机内的文件删除或受到不同程度的损坏。通常表现为：增、删、改、移。

（6）可触发性

病毒因某个事件或数值的出现，诱使病毒实施感染或进行攻击的特性称为可触发性。为了隐蔽自己，病毒必须潜伏，少做动作。如果完全不动，一直潜伏的话，病毒既不能感染也不能进行破坏，便失去了杀伤力。病毒既要隐蔽又要维持杀伤力，它必须具有可触发性。病毒的触发机制就是用来控制感染和破坏动作的频率的。病毒具有预定的触发条件，这些条件可能是时间、日期、文件类型或某些特定数据等。病毒运行时，触发机制检查预定条件是否满足，如果满足，启动感染或破坏动作，使病毒进行感染或攻击；如果不满足，使病毒继续潜伏。

4. 计算机病毒防范

① 建立良好的安全习惯。
② 关闭或删除系统中不需要的服务。
③ 经常升级安全补丁。
④ 使用复杂的密码。
⑤ 迅速隔离受感染的计算机。
⑥ 了解一些病毒知识。
⑦ 最好安装专业的杀毒软件进行全面监控。
⑧ 用户还应该安装个人防火墙软件进行防黑。

5. 计算机病毒查杀

当发现计算机中了病毒后，要用专业的杀毒软件尽心查杀，杀毒软件有很多，如360杀毒、金山毒霸、江民、瑞星、卡巴斯基等。

下面以 360 杀毒为例，讲解杀毒软件用法。

启动 360 杀毒后，可以进行快速扫描，全盘扫描和计算机门诊操作。当进行快速扫描和全盘扫描时，软件自动扫描计算机内存和硬盘，并统计扫面的文件数、发现的威胁数、已处理的威胁数、扫面用时等信息，如图 2-6-1 所示。进行全盘扫描时，根据磁盘文件的数量和大小，决定扫描的时间，一般都需要十几或几十乃至几个小时。

图 2-6-1　360 杀毒扫描

当扫描完成后，出现病毒查杀结果处理界面，如图 2-6-2 所示。根据威胁的不同类型可以进行不同的处理，有的是隔离文件，有的是删除文件，也有需要重新启动的，还有一些杀毒软件无法判断，需进行手动处理，比如这个打印机驱动程序被认为是威胁，但如果用户已知它是安全的，可以添加信任，若认为有威胁，单击"开始处理"按钮，就可以把该文件放入隔离区。

图 2-6-2　病毒查杀结果处理界面

但是通常病毒感染计算机第一件事情就是杀掉他们的天敌——安全软件,如卡巴斯基、360安全卫士、NOD32等。这样我们就使用杀毒软件就不能完成杀毒,可以请专业人士进行帮助,所以对于计算机病毒,一定要以防范为主。

任务10:利用360杀毒,对计算机进行快速扫描,并查看处理结果,需要手动处理的进行处理。

第3章 Word 2010 的使用

3.1 Word 2010 入门

中文 Word 2010 是 Microsoft 公司推出的 Microsoft Office 2010 的一个重要组件，它延续了 Word 2007 的 Ribbon（功能区）界面，操作更直观、人性化。它适用于制作各种文档，如书籍、信函、传真、公文、报刊、表格、图表、图形和简历等。Word 2010 具有很多方便优越的性能，可以使文档的编辑变得快捷、整洁且专业。

3.1.1 启动与退出 Word 2010

首先要明确 Word 的基本操作。一个最简单的文档工作流程就是：创建文档→编辑文档→保存文档→关闭文档→再打开文档。

1. 启动 Word 2010

Word 2010 的启动方式主要有以下几种方法。

① 双击桌面上已建立的 Word 2010 的快捷方式。

② 单击"开始"→"所有程序"→"Microsoft Office"→"Microsoft Office Word 2010"命令即可启动 Word 2010。

2. 退出 Word 2010

Word 2010 的退出方式主要有以下几种方法。

① 直接单击 Word 程序标题栏右侧的"关闭"按钮。

② 选择"文件"→"退出"命令。

③ 单击 Word 程序标题栏左侧的 Word 图标，在下拉控制菜单中选择"关闭"选项。

④ 双击 Word 程序标题栏左侧的 Word 图标。

⑤ 按【Alt+F4】组合键。

3.1.2　Word 2010 窗口介绍

Word 2010 的工作窗口如图 3-1-1 所示。

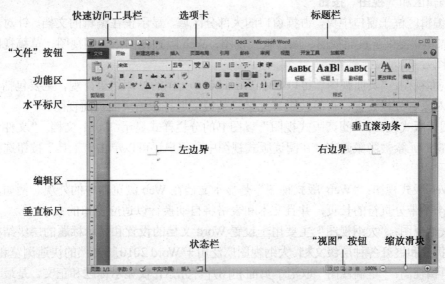

图 3-1-1　Word 2010 的工作窗口

Word 2010 窗口除了具有 Windows 7 窗口的标题栏等基本元素外，还主要包括选项卡、功能区工具、滚动条、标尺、状态栏等，还可以由用户根据自己的需要自行修改设定。

1．标题栏

Word 2010 界面最上方就是标题栏，在标题栏的左边是控制菜单图标，中间显示了文档的名称及软件名。标题栏右边 3 个按钮分别是"最小化"按钮、"向下还原"按钮和"关闭"按钮。

2．"文件"按钮

为了让 Word 2003 用户更快地适应 Word 2010 的环境，Word 2010 最显著的一个变化就是用"文件"按钮代替了 Word 2007 中的"Office"按钮。单击"文件"按钮后会弹出"保存"、"另存为"、"打开"、"关闭"等常用命令。

3．功能区和选项卡

功能区整合了早期版本中的菜单栏和工具栏，承载了更为丰富的内容。为了便于浏览，功能区集合了若干围绕特定方案或对象的选项卡，如"开始"、"插入"选项卡等。每个选项卡又细化为几个组，如"开始"选项卡包括"剪贴板"组、"字体"组、"段落"组等。每个组中又列出了多个命令按钮，如"剪贴板"组包括"粘贴"、"剪切"、"复制"和"格式刷"按钮，如图 3-1-2 所示。

图 3-1-2　"开始"选项卡

4．快速访问工具栏

常用命令位于此处，如"保存"和"撤销"。也可以添加个人常用命令，其方法为：单击快速访问工具栏右侧的按钮，在弹出的下拉菜单中选择需要显示的按钮即可。

5．编辑区和"视图"按钮

文档编辑区位于窗口中央，占据窗口的大部分区域，显示正在编辑的文档。针对不同的需要，Word 2010 提供了页面视图、阅读版式视图、Web 版式视图、大纲视图、草稿视图等多种不同的视图效果。

① 页面视图："页面视图"可以显示 Word 2010 文档的打印结果外观，主要包括页眉、页脚、图形对象、分栏设置、页面边距等元素，是最接近打印结果的页面视图。

② 阅读版式视图："阅读版式视图"以图书的分栏样式显示 Word 文档，"文件"按钮、功能区等窗口元素被隐藏起来。在阅读版式视图中，用户还可以单击"工具"按钮选择各种阅读工具。

③ Web 版式视图："Web 版式视图"是显示文档在 Web 浏览器中的外观。例如，文档将显示为一个不带分页符的长页，并且文本和表格将自动换行以适应窗口的大小。

④ 大纲视图："大纲视图"主要用于设置 Word 文档的设置和显示标题的层级结构，并可以方便地折叠和展开各种层级文档。大纲视图广泛用于 Word 2010 长文档的快速浏览和设置中。

⑤ 草稿视图："草稿视图"取消了页面和图片等元素，仅显示标题和正文，是最节省计算机系统硬件资源的视图方式。

6．滚动条

滚动条包括水平和垂直滚动条，可用于调整文档的显示位置。

7．缩放滑块

缩放滑块可用于更改正在编辑文档的显示比例。

8．状态栏

状态栏位于 Word 2010 工作界面的最下方，显示正在编辑文档的相关信息，包括行数、列数、页码位置、总页数等。其右侧为视图区，主要用来切换视图模式、文档显示比例，其中包括"视图"按钮组、当前显示比例和调节页面显示比例的控制杆。

9．标尺

标尺包括水平和垂直标尺，主要用来显示页面的大小，以及窗口中字符的位置，同时也可以用标尺进行段落缩进和边界调整。标尺是可选栏，用户可以根据自己的需要来显示或隐藏标尺。

3.1.3　Word 2010 界面环境设置

1．自定义外观界面

Word 2010 内置的"配色方案"允许用户根据自己的喜好自定义外观界面的主色调。

选择"文件"→"选项"（图 3-1-3），打开"Word 选项"对话框（图 3-1-4）。

在"Word 选项"对话框中选择"常规"选项，在"配色方案"的下拉列表中有三种配色可选，分别是蓝色、银色、黑色。选择一种配色后单击"确定"按钮完成外观界面配色设置。若要设置或取消实时预览，可在"常规"选项卡中选中或取消"启用实时预览"复选框。

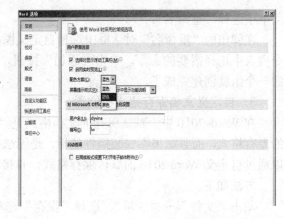

图 3-1-3 "文件"选项卡　　　　　　　　图 3-1-4 "Word 选项"对话框

2. 自定义功能区

在 Word 2010 功能区中允许用户对功能区进行自定义。不但可以创建功能区,而且还可以在功能区下创建组,让功能区更加符合自己的使用习惯。

选择"文件"→"选项",打开"Word 选项"对话框,选择"自定义功能区"选项(图 3-1-5),然后在"自定义功能区"列表中,选中相应的主选项卡,可以自定义功能区显示的主选项。

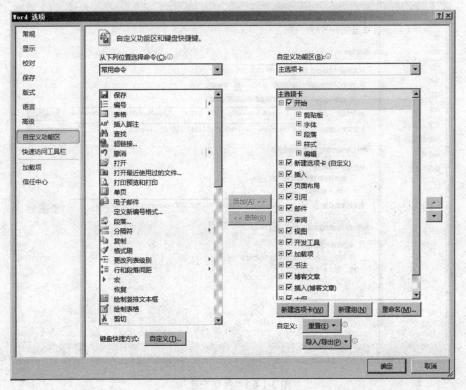

图 3-1-5 "自定义功能区"选项

如果要创建新的功能区,则单击"新建选项卡"按钮,在"主选项卡"下拉列表中出现"新建选项卡(自定义)"复选框,然后鼠标移动到"新建选项卡(自定义)"字样上右击,在弹出菜单中选择"重命名"。

在弹出的"重命名"对话框中选择自定义图标和输入显示名称。然后选择新建的组，在命令列表中选择需要的命令，单击"添加"按钮，将命令添加到组中。这样，"新建选项卡"中的一个组就创建完成了。

3. 自定义文档保存格式和位置

在 Word 2010 中，默认保存的文档格式是"docx"，这种格式是 Word 2007 和 Word 2010 的专有格式，而且如果不安装插件的话，是无法在 Word 2003 及更早的版本中打开的。这时可以通过自定义 Word 2010 的默认保存格式，直接将文档保存为 doc 格式的文档即可。

方法如下：

单击"文件"→"选项"，选择"保存"选项，然后打开"将文件保存为此格式"下拉列表框，从下拉列表框中选择一种格式，如 Word 97-2003 文档（*.doc），然后单击"确定"按钮保存设置。完成设置后再用 Word 2010 创建文档，在默认状态下的保存格式是.doc。

若要修改默认保存位置，其方法如下：

单击"文件"→"选项"，选择"保存"选项（图 3-1-6），然后单击"默认文件位置"右侧"浏览"按钮，在弹出的对话框中选择并指定磁盘文件夹位置，如"D:\办公文档"，然后单击"确定"按钮保存设置。完成设置后再用 Word 2010 创建文档，在默认状态下它的保存位置是"D:\办公文档"。

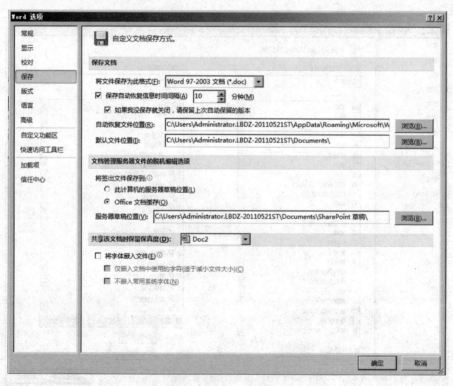

图 3-1-6 "保存"选项

4. 自定义文档内容在屏幕上的显示方式和打印显示方式

在 Word 2010 中，默认定义了文档内容在屏幕上的显示方式和打印显示方式，也可以自定义显示方式。如：设置取消"悬停时显示文档工具提示"，在屏幕上不显示段落标记，打印背景色和图像。其设置方法如下：单击"文件"→"选项"，选择"显示"选项（图 3-1-7），取消选中"悬停时显示文档工具提示"和"段落标记"复选框，选中"打印背景色和图像"复选框，然后单击"确定"按钮保存设置。

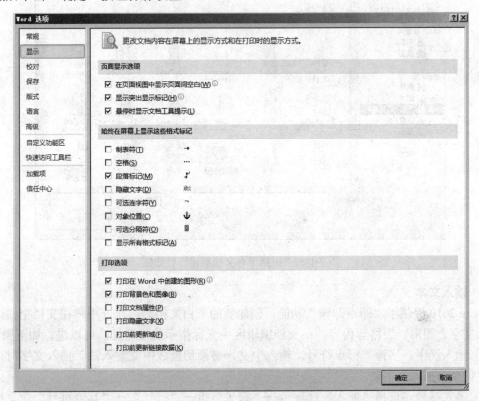

图 3-1-7 "显示"选项

3.1.4 文档的基本操作

对文档的所有操作都是从创建新的 Word 文档开始的，了解并掌握多种创建新文档的方法可以提高工作效率。

1. 创建新文档

每次启动 Word 2010 时，Word 应用程序已经为用户创建了一个基于默认模版的名为"文档1"的新文档。用户也可以通过"文件"按钮创建新文档，方法如下。

（1）创建空白文档

选择"文件"→"新建"→"可用模板"→"空白文档"→"创建"按钮或单击"快速访问工具栏"→"新建"按钮或按【Ctrl+N】组合键。

（2）基于模板创建特殊文档

选择"文件"→"新建"→"可用模板"→"空白文档"，单击"创建"按钮即可生成相应的文档。

（3）基于现有文档创建空白文档

选择"文件"→"新建"→"可用模版"→"根据现有文档新建"，打开如图 3-1-8 所示的"根据现有文档新建"对话框。选中相应文档即可创建新文档。

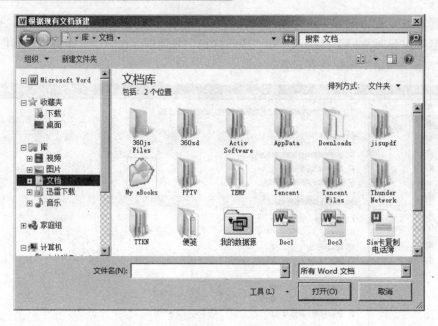

图 3-1-8 "根据现有文档新建"对话框

2. 输入文本

Word 2010 提供了"即点即输"功能,创建新的空白文档后,允许用户在文档空白区域快速插入文字、图形、表格等内容。在文档编辑区中光标指示的位置处,可以进行如下操作。

① 输入汉字、字符、标点符号。输入中文,必须切换成中文输入法,插入文字时,先将鼠标定位至需插入文字处。

② 插入符号。选择"插入"选项卡→"符号"组→"符号"→"其他符号"命令按钮,如图 3-1-9 所示。

用软键盘输入符号,如图 3-1-10 和图 3-1-11 所示。

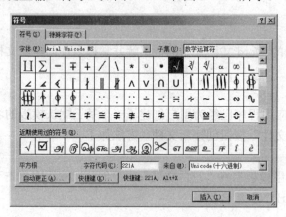

图 3-1-9 "符号"对话框

图 3-1-10 软键盘菜单

③ 插入日期和时间:一般情况下日期和时间的输入方法与普通文字的输入方法相同,若需要插入当前日期或当前时间,可使用以下方法:

选择"插入"选项卡→"文本"组→"日期和时间"命令,打开如图 3-1-12 所示的"日期和时间"对话框,在其中进行相应设置即可。

第3章 Word 2010的使用

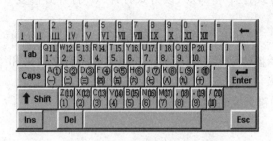

图 3-1-11 数字序号软键盘

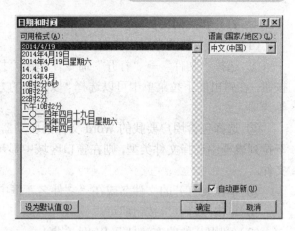

图 3-1-12 "日期和时间"对话框

④ 插入文档：选择"插入"选项卡→"文本"组→"对象"→"文件中的文字"命令。

3. 保存文档

（1）保存新文档

① 单击"快速访问工具栏"上的"保存"按钮或按【F12】键或【Ctrl+S】组合键，出现"另存为"对话框。

② 单击"保存位置"右侧的下拉列表框，选择保存文件的驱动器和文件夹。

③ 在"文件名"文本框中，键入保存文档的名称。通常 Word 会建议一个文件名，用户可以使用这个文件名，也可以另起一个新名。

④ 在"保存类型"下拉列表框中，选择所需的文件类型。Word 2010 默认类型为.docx。

⑤ 单击"保存"按钮即可。

首次保存新文档，也可以通过"另存为"命令来操作。另外，利用"另存为"对话框，用户还可以创建新的文件夹。

（2）保存已命名的文档

对于已命名并保存过的文档，进行编辑修改后可进行再次保存。这时可通过单击"保存"按钮或选择"文件"→"保存"命令或按【Ctrl+S】组合键实现。

（3）换名保存文档

如果用户打开旧文档，对其进行了编辑、修改，但又不希望留下修改之前的原始资料，这时用户就可以将正在编辑的文档进行换名保存。方法如下。

① 选择"文件"→"另存为"，弹出"另存为"对话框。

② 选择希望的保存位置。

③ 在"文件名"文本框中键入新的文件名，单击"保存"按钮即可。

（4）设置自动保存

在默认状态下，Word 2010 每隔 10min 为用户保存一次文档。这项功能还可以有效地避免因停电、死机等意外事故而使编辑的文档前功尽弃。

修改自动保存时间的操作方法如下。

选择"文件"→"选项"，在"保存"选项卡中可设置"自动保存时间间隔"，单击"确定"按钮完成。

71

4. 打开和关闭文档

（1）打开文档的常用方法

① 选择"文件"→"打开"命令，弹出"打开"对话框。单击"打开"按钮中的下三角按钮，在弹出的下拉菜单中可以选择"以副本的方式打开"、"以只读方式打开"、"打开并修复"等选项。

② 选择包含用户要找的 Word 文件的驱动器、文件夹，同时在对话框"所有 Word 文件"下拉列表框中选择文件类型，则在窗口区域中显示该驱动器和文件夹中所包含的所有文件夹和文件。

③ 单击要打开的文件名或在"文件名"框中键入文件名。

④ 单击"打开"按钮即可。

（2）利用其他的方法打开 Word 文档

① 在 Word 2010 环境下，单击"文件"→"最近使用文件"列出的最近打开过的文件。

② 在"计算机"或"资源管理器"中找到要打开的 Word 文件，双击该文件即可打开。

③ 单击"快速访问工具栏"中的"打开"按钮，同样弹出"打开"对话框，在文件列表框中选择要打开的文档，单击"打开"按钮，打开文档。

（3）关闭文档

要关闭当前文档正编辑的某一个文档，可以单击"文件"→"关闭"命令。

5. 选择和移动文本

（1）选择文本

① 用鼠标选择文本，如表 3-1-1 所示。

表 3-1-1　用鼠标选择文本操作方法列表

选择内容	操作方法
任意数量的文字	拖动这些文字
一个单词	双击该单词
一行文字	单击该行最左端的选择条
多行文字	选定首行后向上或向下拖动鼠标
一个句子	按住【Ctrl】键后在该句任何地方单击
一个段落	双击该段最左端的选择条，或者三击该段落的任何地方
多个段落	选定首段后向上或向下拖动鼠标
连续区域文字	单击所选内容的开始处，然后按住【Shift】键，最后单击所选内容的结束处
整篇文档	三击选择条中的任意位置或按住【Ctrl】键后单击选择条中任意位置
矩形区域文字	按住【Alt】键然后拖动鼠标

② 用键盘选择文本，如表 3-1-2 所示。

表 3-1-2　用键盘选择文本操作方法列表

选定范围	操作键	选定范围	操作键
右边一个字符	【Shift+→】	至段落末尾	【Ctrl+Shift+↓】
左边一个字符	【Shift+←】	至段落开头	【Ctrl+Shift+↑】

续表

选定范围	操作键	选定范围	操作键
至单词（英文）结束处	【Ctrl+Shift+→】	下一屏	【Shift+PgDn】
至单词（英文）开始处	【Ctrl+Shift+←】	上一屏	【Shift+PgUp】
至行末	【Shift+End】	至文档末尾	【Ctrl+Shift+End】
至行首	【Shift+Home】	至文档开头	【Ctrl+Shift+Home】
下一行	【Shift+↓】	整个文档	【Ctrl+5】（小键盘上）或【Ctrl+A】
上一行	【Shift+↑】	整个表	【Alt+5】（小键盘上）

（2）移动文本

① 选中要编辑的文本，选择"开始"选项卡→"剪贴板"组→"剪切"按钮或右击→选择"剪切"命令或按住【Ctrl+X】组合键。

② 选中目标位置，选择"开始"选项卡→"剪贴板"组→"粘贴"按钮或右击→选择"粘贴"命令或按住【Ctrl+V】组合键。

6. 删除、复制文本

（1）删除文本

选中要删除的文本，可以直接用【Delete】键或【Backspace】键。

（2）复制文本

复制文本与移动文本操作相类似。复制与移动不同的操作是只需将"剪切"变为"复制"即可。复制的组合键为【Ctrl+C】。

7. 撤销和恢复操作

（1）撤销操作

"撤销"功能可以保留最近执行的操作记录，用户可以按照从后到前的顺序撤销若干步操作，但不能有选择地撤销不连续操作。单击"快速访问工具栏"中的 命令，也可以按下【Ctrl+Z】组合键执行撤销操作。

（2）恢复操作

执行撤销操作后，还可以将文档恢复到最新的状态。当用户执行一次"撤销"操作后，用户可以单击"快速访问工具栏"的 按钮或按下【Ctrl+Y】组合键执行恢复操作。

8. 自动图文集

在使用 Word 的过程中，会出现一些频繁使用的词条，可以把它们创建成"自动图文集"词条。以后使用时，就可快速地插入已经创建的词条。其步骤如下。

① 先选中要作为自动图文集的文本或图形，如这里选中"Word 2010 基本操作"。

② 选择"插入"选项卡→"文本"组→"文档部件"→"将所选内容保存到文档部件库"，弹出如图 3-1-13 所示的"新建构建基块"对话框。

③ Word 将为此自动图文集提供一个名称，用户可以输入新名称，如本例为 Word 2010，单击"确定"按钮。

创建完成后，在任何位置均可插入所保存的自动图文集词条，其步骤如下：

① 设置插入点。

② 选择"插入"选项卡→"文本"组→"文档部件"，弹出如图 3-1-14 所示的"文档部件"下拉菜单，直接选择所要键入的词条即可。

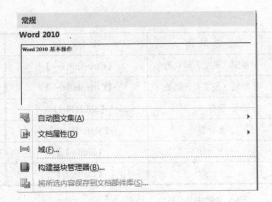

图 3-1-13 "新建构建基块"对话框　　　图 3-1-14 "文档部件"下拉菜单

3.2 案例 1——制作公文

知识目标
- 页面设置。
- 字体设置。
- 段落设置。
- 公文规范。
- 分隔线。
- 模板的使用。

3.2.1 案例说明

在今后的学习和工作中经常要编写打印一些公文,首先了解一下公文的基本格式要求。
我国通用的公文载体、书写、装订要求的格式一般为:公文纸一般采用国内通用的 16 开型,推荐采用国际标准 A4 型,用于张贴的公文,可根据实际需要确定。
政府企业的红头文件格式及排版要求如下。
① 页面设置:A4 纸、页边距为默认,页面设置为左装订。
② 文件头:××政府、单位文件。
③ 首行:××政府、公司文件,最好是一行,或两行。
④ 字号:××(政府、公司简称)××(类别)字[××年号]××(序号)。
⑤ 分隔线。
⑥ 正文:一般题目为三号宋体、正文内容为四号、行距单倍为宜。
⑦ 主题词:字体一般为宋体或黑体。
⑧ 上报及分发部门、印发份数及日期:一般为仿末小四。
⑨ 用印。
本案例制作如图 3-2-1 所示的公文效果图文件。

×××省人民政府文 化 厅 妇女联合会文件

×政扶发〔2013〕29号

关于印发《××省连片特困地区农村贫困儿童发展规划（2013—2015年）》的通知

各州、市扶贫办、妇联：

儿童减贫事业是扶贫开发中具有重大战略性的新领域，是一项长期、艰巨、复杂的工作。为促进农村贫困儿童的健康成长和全面发展，将扶贫开发关口前移，纵深推进我省扶贫开发事业，现将《××省连片特困地区农村贫困儿童发展规划（2013-2015年）》印发给你们。请各地结合工作实际，加强组织领导，建立扶贫、妇联为主的多部门联动的贫困儿童发展工作机制；深入调查研究，制定相关政策措施，积极探索阻断贫困代际传递的新途径、新办法，切实抓好规划的落实工作。

××省人民政府扶贫开发办公室

××省妇女联合会

2013年6月21日

主题词：特困 扶贫

抄送：××省人民政府、省妇女联合会各相关办公室

图3-2-1 公文效果图

3.2.2 制作步骤

1. 创建文档

启动 Word 2010，创建一个新文档。

2. 页面设置

A4，纵向，页边距上下左右均为 2.5cm。单击“页面布局”选项卡→“页面设置”组中的对话框启动器按钮，在图 3-2-2 所示的“页边距”选项卡下，设置页边距和方向，在图 3-2-3 所示的“纸张”选项卡下设置纸张大小。

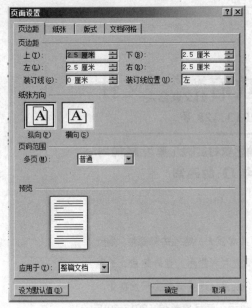

图 3-2-2 "页边距"选项卡

图 3-2-3 "纸张"选项卡

3．文字录入

输入给定的文字（可以从给定的素材中复制）。

4．制作联合公文头

政府或企业部门的用户经常要制作多单位联合发文的文件，制作好的公文头效果图如图3-2-4所示，下面就以此效果为例介绍制作方法。

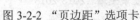

图 3-2-4 制作好的公文头效果图

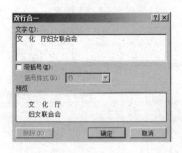

图 3-2-5 "双行合一"对话框

"双行合一"是 Word 的一个特色功能，利用它可以简单地制作出两行合并成一行的效果。

① 在 Word 中输入"×××省人民政府文化厅妇女联合会文件"字样，选中"文化厅妇女联合会"这几个字。

② 依次单击"开始"选项卡→"段落"组的"中文版式"按钮，在下拉菜单中选中"双行合一"，打开"双行合一"对话框，在"文字"文本框中将光标定位在"文化厅"三个字之间，分别补上两个半角空格直到"预览"效果中这两个部门字样分成两行为止，然后单击"确定"按钮，如图3-2-5所示。

③ 选中"×××省人民政府文化厅妇女联合会文件"，按下【Ctrl+]】组合键放大字体至合适大小，再设置其他格式如居中、加粗及颜色等。

5．分隔线

单击"页面布局"选项卡→"页面背景"组→"页面边框"按钮，弹出如图3-2-6所示的"边框和底纹"对话框，单击"横线"按钮，弹出如图3-2-7所示的"横线"对话框，选择第一种,单击"确定"按钮。在已插入的横线上右击,在弹出的快捷菜单中选择"设置横线格式"命令,在打开的如图 3-2-8 所示的"设置横线格式"对话框中设置横线的高度和宽度,颜色设为红色,对齐方式设为居中,单击"确定"按钮。第二条分隔线设置方法相同,颜色设为黑色。

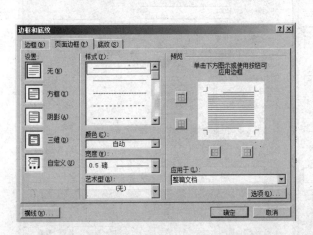

图 3-2-6 "边框和底纹"对话框

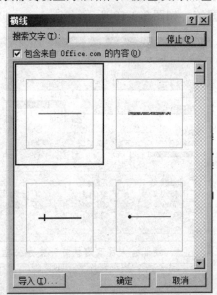

图 3-2-7 "横线"对话框

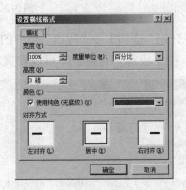

图 3-2-8 "设置横线格式"对话框

6. 字体和段落

本案例中设置各部分的字体、字号、颜色和段落设置格式如下。

① 主标题(第一段):宋体,小初,加粗,居中,红色。
② 主标题(第二段):仿宋,小二,加粗,居中,红色(数字为黑色)。
③ 副标题:黑体,小二,加粗,居中,红色。
④ 正文:第一段:仿宋,三号,左对齐。
第二段:仿宋,三号,首行缩进 2 字符,行距最小值为 25.5 磅,两端对齐。
落款:仿宋,四号,右对齐。
⑤ 主题词:黑体,小三,左对齐。
⑥ 抄送:仿宋,小四,左对齐。

字体设置可以通过单击"开始"选项卡→"字体"组中的对话框启动器按钮，打开"字体"对话框，如图 3-2-9 所示。在"字体"选项卡中可以设置字体、字形、字号，颜色、下画线、下画线颜色、着重号、效果。在"高级"选项卡中可以设置缩放比例、字符间距、字符位置等，如图 3-2-10 所示。

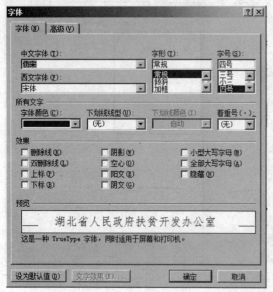
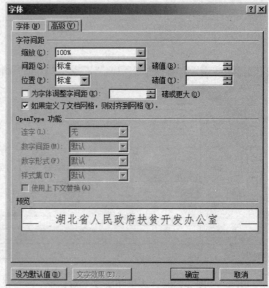

图 3-2-9　"字体"选项卡　　　　　　　　图 3-2-10　"高级"选项卡

段落的设置可以通过单击"开始"选项卡→"段落"组中的对话框启动器按钮，打开"段落"对话框，如图 3-2-11 所示，在"段落"对话框中可以设置对齐方式、缩进和间距。

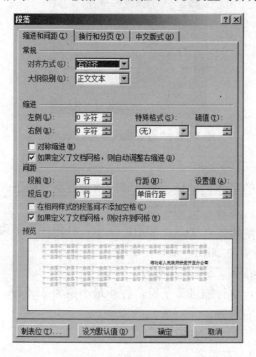

图 3-2-11　"段落"对话框

7. 保存文件

选择"文件"→"保存"命令,选择 E:\,保存文件名为"公文制作.docx"。还可以将本文件另存为模板文件,方法是单击"文件"→"另存为",在保存类型中选择"Word 模板"。这样以后就可以用该模板制作公文了,文字只需要修改文字内容,而不用再修改文字格式。

3.2.3 相关知识点

1. 纸张大小

常见的公文打印多为 A4(宽为 21cm,高为 29.7cm)或 B5(宽为 18.2cm,高为 25.7cm),页面打印方向分为纵向和横向。

2. 页边距

页边距是指页面四周的空白区域。通俗理解是页面边线到文字的距离。通常,可在页边距内部的可打印区域中插入文字和图形。但是也可以将某些项目放置在页边距区域中,如页眉、页脚和页码等。

3. 字体、字号、字形

常用字体、字号、字形:在排版中汉字常用的字体字形字号效果如图 3-2-12 所示。

宋体五号字;(WORD 系统默认)

宋体四号字加边框、加底纹;

宋体三号字加粗、倾斜;

黑体二号字

楷体二号字红色

宋体一号字加下划线;

隶书初号字褐色;

图 3-2-12 字体、字号、字形效果图

度量单位:包括磅、厘米、字符。一磅为 1/72 英寸,约为 0.0138 英寸,等于 0.3527mm;1cm≈28.346 磅。字符为相对单位。

3.3 案例 2——科技小论文排版

知识目标
- 页面设置。
- 分栏。
- 格式刷。
- 尾注和脚注。

- 查找和替换。
- 字数统计。

3.3.1 案例说明

在工作和学习中经常要在一些报刊、杂志上发表论文，本案例学习如何对期刊中的科技论文进行排版，图 3-3-1 所示为科技论文排版效果图。科技论文排版一般包括文章标题部分，正文部分和作者信息等，正文一般要进行分栏，作者信息或者基金号一般通过脚注或尾注添加。页眉上一般包含刊物的信息和文章的信息。因为出版的版面限制，通常对文章的字数也有限制。

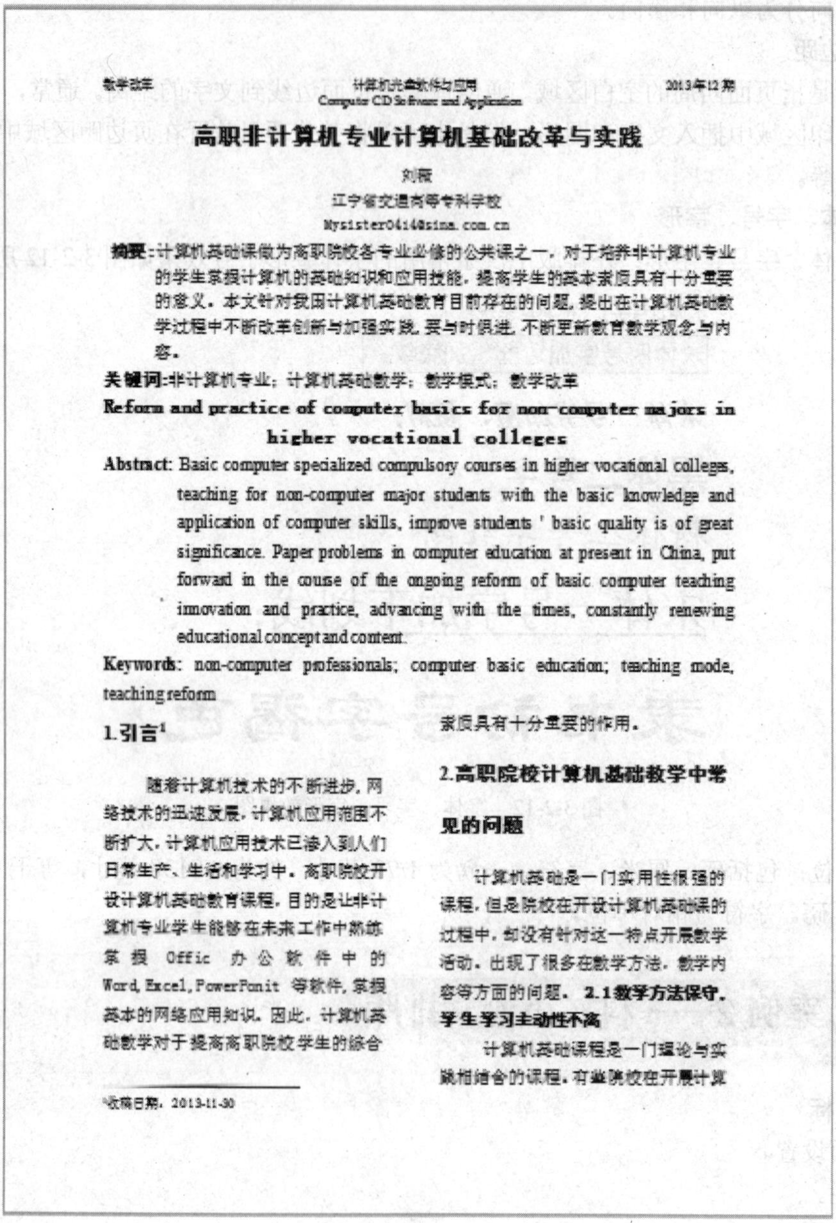

教学改革　　计算机光盘软件与应用 Computer CD Software and Application　　2013年12期

高职非计算机专业计算机基础改革与实践

刘薇

江宁省交通高等专科学校

Mysister0414@sina.com.cn

摘要：计算机基础课做为高职院校各专业必修的公共课之一，对于培养非计算机专业的学生掌握计算机的基础知识和应用技能，提高学生的基本素质具有十分重要的意义。本文针对我国计算机基础教育目前存在的问题，提出在计算机基础教学过程中不断改革创新与加强实践，要与时俱进，不断更新教育教学观念与内容。

关键词：非计算机专业；计算机基础教学；教学模式；教学改革

Reform and practice of computer basics for non-computer majors in higher vocational colleges

Abstract: Basic computer specialized compulsory courses in higher vocational colleges, teaching for non-computer major students with the basic knowledge and application of computer skills, improve students ' basic quality is of great significance. Paper problems in computer education at present in China, put forward in the course of the ongoing reform of basic computer teaching innovation and practice, advancing with the times, constantly renewing educational concept and content.

Keywords: non-computer professionals; computer basic education; teaching mode, teaching reform

1.引言[1]

随着计算机技术的不断进步，网络技术的迅速发展，计算机应用范围不断扩大，计算机应用技术已渗入到人们日常生产、生活和学习中。高职院校开设计算机基础教育课程，目的是让非计算机专业学生能够在未来工作中熟练掌握 Offic 办公软件中的 Word, Excel, PowerPonit 等软件，掌握基本的网络应用知识。因此，计算机基础教学对于提高高职院校学生的综合素质具有十分重要的作用。

2.高职院校计算机基础教学中常见的问题

计算机基础是一门实用性很强的课程，但是院校在开设计算机基础课的过程中，却没有针对这一特点开展教学活动，出现了很多在教学方法、教学内容等方面的问题。**2.1教学方法保守，学生学习主动性不高**

计算机基础课程是一门理论与实践相结合的课程，有些院校在开展计算

[1]收稿日期：2013-11-30

图 3-3-1　科技论文排版效果图

3.3.2 制作步骤

1. 页面设置

（1）设置纸张和页边距

打开名为"科技论文.docx"的素材文件，单击"页面布局"选项卡→"页面设置"组中的对话框启动器按钮，打开"页面设置"对话框，选择"纸张"选项卡，设置纸张 A4 纸，单击"页边距"选项卡，设置上下左右页边距均为 2.5cm，然后单击"确定"按钮。

（2）设置文档网格

单击"页面布局"选项卡→"页面设置"组中的对话框启动器按钮，打开"页面设置"对话框，选择"文档网格"选项卡，如图 3-3-2 所示，在"网格"栏中选择"指定行和字符网格"单选按钮，设置每行 42 个字符，每页 40 行。

（3）设置页眉

在"页面设置"对话框中选择"版式"选项卡，如图 3-3-3 所示，选中"页眉和页脚"中的"首页不同"复选框，设置页眉、页脚距离边界的位置分别为 1.6cm 和 1.8cm，单击"确定"按钮。

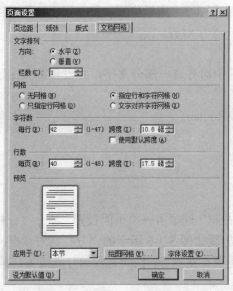

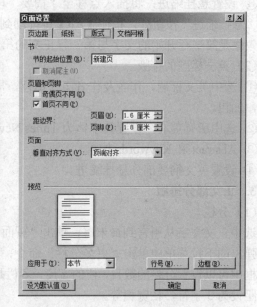

图 3-3-2 "文档网格"选项卡　　　　　图 3-3-3 "版式"选项卡

单击"插入"选项卡→"页眉和页脚"组→"页眉"或"页脚"按钮，弹出的下拉菜单中选择"编辑页眉"或"编辑页脚"命令，都会进入到"页眉页脚工具栏"中，如图 3-3-4 所示。

图 3-3-4 页眉页脚工具栏

本例中输入的文字如图 3-3-5 所示。

图 3-3-5 首页页眉和其他页页眉

2. 标题部分排版

标题部分含有中文和英文标题，二者排版方法类似。

（1）中文标题的排版

① 选中中文标题，作者、作者工作单位及作者联系邮箱，单击"开始"选项卡→"段落"组→"居中对齐"按钮，将这一部分文字居中对齐，并设置中文标题字体为"黑体"，"三号"，"加粗"。

② 设置文字"摘要"和"关键词"为黑体，五号，加粗。

③ 设置悬挂缩进：将插入点移至"摘要"段落任意位置或选中该段落，将鼠标移至标尺栏的"悬挂缩进"按钮处，按住【Alt】键拖动到如图 3-3-1 所示位置，使文字"摘要"悬挂缩进，效果是第二行开始的文字与第一行正文的第一个字对齐。

（2）英文标题的排版

① 选中英文标题，作者及作者工作单位，居中对齐这一部分文字，并设置英文标题为四号字，加粗。

② 选中所有英文，设置其字体为 Times New Roman。

③ Abstract 和 Keywords 加粗。

④ 设置英文摘要部分悬挂缩进。

3. 正文部分排版

（1）分栏

选中正文文字从引言到最末尾，单击"页面布局"选项卡→"页面设置"组→"分栏"按钮，弹出的下拉菜单中单击"更多分栏"命令，出现如图 3-3-6 所示的"分栏"对话框，在此对话框中可以设置分栏的数目，栏的宽度，多栏是否栏宽相等，栏间是否加分隔线等。本例中，栏间距设为 3 字符，栏宽相等。

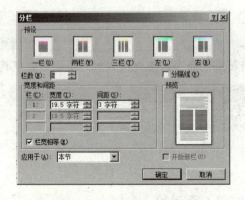

图 3-3-6 "分栏"对话框

(2)为正文设置格式

设置正文所有段落首行缩进 2 字符,其他默认。

(3)使用格式刷复制标题格式

① 设置正文的一级标题,如"1. 引言"为黑体、四号、加粗。"特殊格式"设为无,行距为 1.5 倍,间距为段前段后各 0.5 行。设置好后双击"格式刷" ,刷其余的一级标题。格式刷双击可多次使用,再次单击关闭。格式刷单击,可使用一次。

② 设置正文的二级标题,如"2.1 教学方法保守,学生学习主动性不高"黑体小四加粗,其余二级标题用格式刷。

(4)添加脚注

在"1. 引言"后定位,单击"引用"选项卡→"脚注"组对话框启动器按钮 ,打开"脚注和尾注"对话框,如图 3-3-7 所示。选中"脚注"单选按钮,单击"插入"按钮,此时在页面底端出现一条短横线,在横线下填写脚注内容"收稿日期:2013-11-30"。

4. 参考文献的排版

参考文献无须缩进,默认格式即可。

5. 查找和替换

论文中所有的"实现"均替换为"实践"。

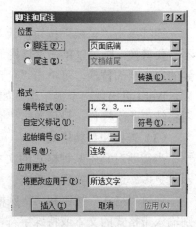

图 3-3-7 "脚注和尾注"对话框

3.3.3 相关知识点

1. 查找和替换文本

(1)查找

单击"开始"选项卡→"编辑"组→"查找"按钮,弹出的下拉菜单中选择"高级查找"命令,打开"查找和替换"对话框,如图 3-3-8 所示。

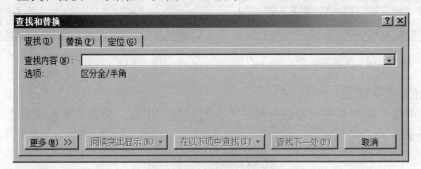

图 3-3-8 "查找和替换"对话框

在"查找内容"文本框中输入文本,单击"查找下一处"按钮,则 Word 2010 将逐个搜索并突出显示要查找的文本,单击文档,就可以对每处文本进行必要的修改。

提示

若要限定查找的范围,则应选定文本区域,否则系统将在整个文档范围内查找。

(2)替换

切换到如图 3-3-8 所示的"查找和替换"对话框中的"替换"选项卡,如图 3-3-9 所示。

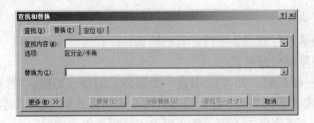

图 3-3-9 "替换"选项卡

连续单击"替换"按钮,让 Word 逐个查找到指定文本并进行替换。如果某处的指定文本不需要替换,则可以单击"查找下一处"按钮跳过该处文本再查找下一处。如果要将所有查找到的文本全部替换,可单击"全部替换"按钮,Word 将全文搜索并进行替换。完成所有替换后,Word 将出现一个提示框,如图 3-3-10 所示,表示已经完成文档的搜索,单击"确定"按钮将结束此次操作。最后单击"查找和替换"对话框的"关闭"按钮即可。

(3)查找和替换格式

当需要对具备某种格式的文本或某种特定格式进行查找和替换时,可以通过如图 3-3-9 所示"更多"选项来实现,单击"更多"按钮,则该对话框如图 3-3-11 所示。

通过"格式"按钮和"特殊格式"按钮,在"查找内容"文本框和"替换为"文本框中分别输入带格式的文本或特殊字符,进行相应的查找或替换,即可完成操作。

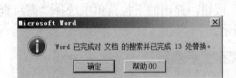

图 3-3-10 搜索完毕提示框

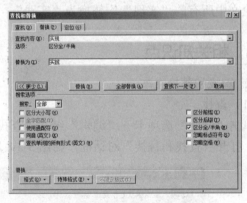

图 3-3-11 高级搜索选项

2. 统计文档字数

单击"审阅"选项卡→"校对"组→"字数统计"按钮,弹出"字数统计"对话框,如图 3-3-12 所示。

图 3-3-12 "字数统计"对话框

3.4 案例 3——图文混排

知识目标
- 插入图片剪贴画及图片编辑。
- 插入艺术字及艺术字编辑。
- 文本框应用。
- 背景设置。
- 插入超链接设置。
- 项目符号与编号。
- 页面边框的设置。

3.4.1 案例说明

图文混排是 Word 2010 的一个主要功能，用户可以通过丰富的图文资料，有机组合，制作出图文并茂的宣传材料，如海报、板报等。本案例制作的海报如图 3-4-1 所示。

图 3-4-1 海报效果图

3.4.2 制作步骤

1. **创建文件**

选择"文件"→"新建"→"空白文档"→"创建"。

2. **页面设置**

文件页面设置：A4，纵向，页边距上下左右均2cm。

3. **设置背景**

选择"页面布局"选项卡→"页面背景"组→"页面颜色"→"填充效果"→"渐变"→选中"单色"单选按钮。选择浅蓝色，"深浅滑块"滑到浅，底纹样式设置为"角部辐射"，变形选右下角那种。

4. **设置页面边框**

单击"页面布局"选项卡→"页面背景"组→"页面边框"按钮，在弹出的对话框中选择"艺术型"中的小脚印图案，"颜色"设为橙色，如图3-4-2所示。

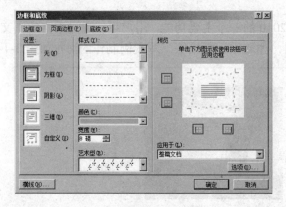

图3-4-2　页面边框的设置

5. **插入图片**

插入图片时单击"插入"选项卡→"插图"组→"图片"按钮，弹出如图3-4-3所示的"插入图片"对话框，选择相应的图片文件插入即可。其中旅行图片.jpg和高山图片.jpg环绕方式为衬于文字下方。

图3-4-3　"插入图片"对话框

6. 插入艺术字

艺术字是具有特殊效果的文字，可以有各种颜色、使用各种字体、带阴影、倾斜、旋转和延伸，还可以变成特殊的形状。

（1）插入艺术字

操作方法如下。

① 选中插入艺术字的位置，单击"插入"选项卡→"文本"组→"艺术字"按钮，打开"艺术字库"对话框，选中所需要的艺术字样式（第1行，第1列），如图3-4-4所示。

图 3-4-4 "艺术字库"对话框

② 弹出"编辑艺术字文字"对话框，如图 3-4-5 所示。在"文本"文本框内键入艺术字"Travel together"，选择字体和字号，单击"确定"按钮。

图 3-4-5 "编辑艺术字文字"对话框

（2）设置艺术字

在弹出"艺术字工具格式"工具栏中，如图 3-4-6 所示。其中包括插入艺术字、编辑文字、艺术字库、设置艺术字格式、艺术字形状、文字环绕、艺术字字母高度相同、艺术字竖排文字、艺术字对齐方式、艺术字字符间距等按钮，使用"艺术字工具格式"工具栏，可以对已创建的艺术字进行设置。本例中"Travel together"填充和线条均设为黑色，版式环绕方式为嵌入式。

图 3-4-6 "艺术字工具格式"工具栏

样例中所创建的艺术字效果如图 3-4-7 所示。本例中还有另外一处艺术字,"这一路不长,短短几天,这一路很长,值得回忆。"版式中的环绕方式为浮于文字上方。艺术字的格式、形状和颜色可以自由设定。

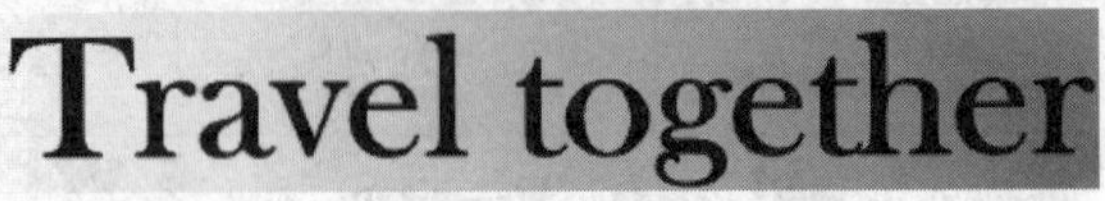

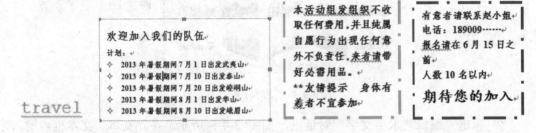

图 3-4-7 艺术字效果图

7. 文本框

在本案例中多次用到文本框,其设计效果如图 3-4-8~图 3-4-12 所示。

图 3-4-8 文本框(1)　　图 3-4-9 文本框(2)　　图 3-4-10 文本框(3)　　图 3-4-11 文本框(4)

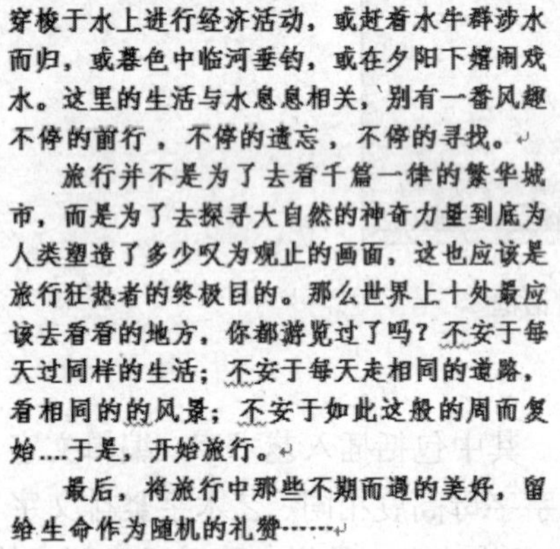

图 3-4-12 文本框(5)

选择"插入"选项卡→"文本"组→"文本框"→"绘制文本框"选项,屏幕上鼠标变成十字交叉形状,拖动鼠标画出一定范围即可。

文本框 1:为一组填充颜色和边框均无色的文本框,字体为"Vineta BT",字号为 9~24 磅不等。排列错落有致,颜色由深及浅,可自行设定。

文本框 2:填充颜色和边框均无色,第一行文字字体为仿宋,15 磅字,加粗,其他文字字体为仿宋 10.5 磅字,加粗,并添加项目符号。

文本框 3:填充颜色为无色,边框线条颜色为橙色,虚实为长划线-点,粗细为 3 磅,文字仿宋,字号 10.5 磅,加粗。

文本框 4:填充颜色为无色,边框线条颜色为褐色,虚实为长画线-点,粗细为 3 磅,文字仿宋,字号 10.5 磅,加粗。

文本框 5:填充颜色和边框均无色,文字字体为仿宋,11 磅,加粗。

8. 插入超链接

选中文字 GO，单击"插入"选项卡→"链接"组→"超链接"按钮，弹出"插入超链接"对话框，在"插入超链接"对话框地址栏中输入如下网址，单击"确定"按钮即可。当鼠标放置文字 GO 上时，按住【Ctrl】键会出现小手，单击会自动跳转到相关网页。

http://c.t.qq.com/i/1577?pgv_ref=web.c.page.nav.tree.level3。

9. 保存文件

选择"文件"→"保存"命令，选择 E:\，保存文件名为"自助游海报.docx"。

3.4.3 相关知识点

1. 绘制自选图形

Word 2010 的绘图功能非常强大、全面，下面将继续介绍一些常用的绘图操作方法。

（1）插入自选图形

选择"插入"选项卡→"插图"组→"形状"命令→"基本形状"，可以看到若干种基本形状、箭头等，如图 3-4-13 所示，利用基本形状可以绘制各种图形。

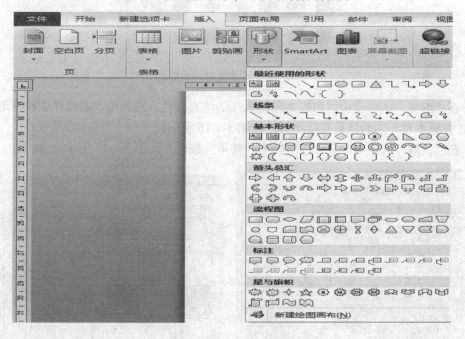

图 3-4-13　基本形状

（2）填充图形

选中某个基本形状，在编辑文本区绘制出来后，会出现"绘图工具-格式"选项卡，如图 3-4-14 所示。单击"形状样式"组中的其他样式按钮，会出现如图 3-4-15 所示的各种系统提供好的样式，可以选择所需的样式填充图形。用户还可以自己定义填充效果，单击"绘图工具-格式"选项卡→"形状样式"组→"形状填充"按钮，在弹出的下拉菜单中选择单色填充或者选择"渐变"→"其他渐变"命令，弹出"填充效果"对话框，可以对图形内部的填充效果进行编辑。填充图形的操作方法如下。

图 3-4-14 "绘图工具-格式"选项卡

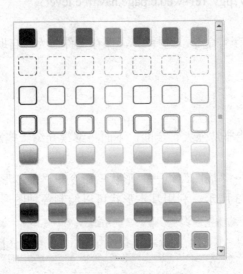

图 3-4-15 系统提供好的样式

① 在"渐变"选项卡中,可以对图形内部的填充颜色、透明度、底纹样式和变形方式进行编辑,使原本单一的颜色具有层次感,如图 3-4-16 所示。

② 在"纹理"选项卡中,可以对图形内部填充纹理,如图 3-4-17 所示。

图 3-4-16 "渐变"选项卡

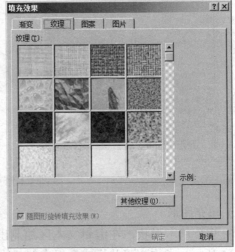

图 3-4-17 "纹理"选项卡

③ 在"图案"选项卡中,可以给图形内部的填充颜色增加图案,使图形的填充效果更加生动,如图 3-4-18 所示。

④ 在"图片"选项卡中,可以给图形内部填充图片,使图形更加个性化,如图 3-4-19 所示。

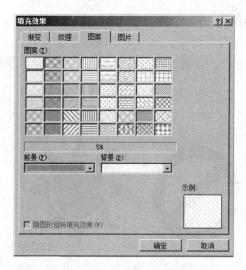 

图 3-4-18 "图案"选项卡　　　　　图 3-4-19 "图片"选项卡

（3）编辑图形

编辑图形的操作方法如下。

① 按住【Shift】键，再单击所需的各个图形，一次可选中多个图形。

② 将鼠标指针移动到要移动的图形上，再用鼠标拖动图形即可移动图形。如果按住【Alt】键的同时拖动图形，则可以精确、微调图形的位置。

③ 按下【Ctrl】键拖动图形可以复制图形。

④ 对于一些图形来说，在选中后图形中会有一个或者多个黄色菱形句柄。用鼠标拖动句柄，可改变原图形的形状。图 3-4-20 所示为拖动句柄改变原有太阳形图形的形状。

图 3-4-20　改变图形的形状

⑤ 右击需要设置属性的图形，在弹出快捷菜单中选择"设置自选图形格式"命令，弹出"设置自选图形格式"对话框。利用它可以设置图形的颜色、填充颜色和线条的粗细、线型以及旋转度、与文字位置关系等。

（4）组合和叠放图形

组合图形就是将几个图形组合在一起，形成形式上的一个图形，来进行移动、旋转、翻转、着色和调整大小等操作。当两个图像有重叠部分时，存在着谁在顶层，谁在底层的问题，顶层图形会覆盖底层图形相重叠的部分。当多个图形有重叠部分时，还存在谁在第几层的问题，总是上一层图形覆盖下一层图形相重叠的部分。组合和叠放图形的操作方法如下。

① 选中要组合的多个图形，这时各个图形周围都有 8 个圆形小句柄，如图 3-4-21（a）所示。右击选中的图形，弹出快捷菜单，再单击"组合"命令，此时多个图形组合为一个图形，其周围只有 8 个圆形小句柄，如图 3-4-21（b）所示。取消组合可右击组合图形，弹出快捷菜单，再单击"组合"→"取消组合"命令即可。

图 3-4-21　组合图形

② 选中要移动叠放次序的图形，如果该图形被其他图形覆盖在下面，可按【Tab】键循环选中。右击选中的图形，弹出快捷菜单，再单击"叠放次序"命令，图形按相应的命令重新叠放。例如，图 3-4-22（a）所示为需要改变叠放次序的图形，图 3-4-22（b）所示为单击"上移一层"命令后的效果。

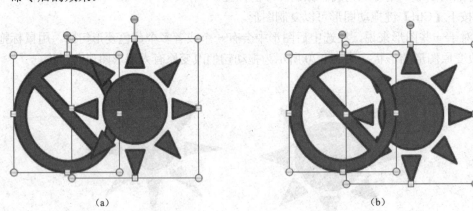

图 3-4-22　叠放图形

（5）绘图技巧

虽然 Word 的绘图功能非常强大，但是对初学者来说使用起来还是很复杂的。下面介绍一些小技巧，掌握了这些技巧可提高绘图效率和质量。

① 众所周知，Word "组合"命令可以将多个图形组合在一起形成一个整体，组合后再同时移动或缩放这些图片就非常快捷，但同时也带来了一些不便，如在"组合"中再添加新的图形或删除图形就显得很烦琐，而 Word 的"绘图画布"功能却能克服这些缺点，它不需要"组合"图形，却能将多张图形放在同一画布内，实现这些图形图片的整体操作如同步放大、缩小、移动，能做到随时向画布内添加或删除图形，非常方便。操作方法如下。

● 依次选择"插入"选项卡→"插图"组→"形状"按钮→"新建绘图画布"命令。

- 选中文档内的目标图形,执行"剪切"命令,然后再在画布内执行"粘贴"命令即可。

② 对于非嵌入图形来说,复制它可以使用经典的【Ctrl+C】组合键和【Ctrl+V】组合键,如果只想用一组组合键来复制的话,只要选中图片后,直接按【Ctrl+D】组合键即可。

③ Word 2010中有个"裁剪为形状"的功能,类似于一些图形图像处理软件中的"遮罩",如图3-4-23所示。要想达到这种效果,操作方法如下。

- 单击图片,依次单击"图片工具-格式"选项卡→"大小"组→"裁剪"下拉列表。
- 单击下拉列表中的"裁剪为形状"命令。
- 在弹出的菜单中选中某个形状,如"椭圆"、"五边形"等。

图3-4-23 "剪裁为形状"效果示例

④ 按住【Shift】键,单击"插入"选项卡→"插图"组→"形状"下拉列表中的"矩形"按钮,拖动鼠标绘制出的图形为正方形。按住【Ctrl】键拖动鼠标绘制出一个从起点向四周扩张的矩形。按住【Shift+Ctrl】组合键可以绘制出从起点向四周扩张的正方形。

按住【Shift】键,单击"插入"选项卡→"插图"组→"形状"下拉列表中的"椭圆"按钮,拖动鼠标绘制出的图形为圆形。按住【Ctrl】键拖动鼠标绘制出一个从起点向四周扩张的椭圆形。按住【Shift+Ctrl】组合键可以绘制出从起点向四周扩张的圆形。

说明

(1) 文档的层次

Word 2010将文档分为3层:文本层、文本上层、文本下层。

(2) 图片在文档中的层次位置

① 嵌入型:图片处于"文本层",作为一个字符出现在文档中。
② 浮于文字上方:此时图片处于"文字上层"。
③ 衬于文字下方:此时图片处于"文字下层",可实现水印的效果。

2. 插入和编辑剪贴画、图片

(1) 插入剪贴画或图片

在默认情况下,Word 2010中的剪贴画不会全部显示出来,而需要用户使用相关的关键字进行搜索。用户可以在本地磁盘和Office.com网站中进行搜索,其中Office.com中提供了大量剪贴画,用户可以在联网状态下搜索并使用这些剪贴画。

在Word 2010文档中插入剪贴画的步骤如下所述。

① 打开Word 2010文档窗口,单击"插入"选项卡→"插图"组→"剪贴画"按钮。
② 打开"剪贴画"任务窗格,在"搜索文字"编辑框中输入准备插入的剪贴画的关键字(如"运动")。如果当前计算机处于联网状态,则可以选中"包括Office.com内容"复选框,如图3-4-24所示。

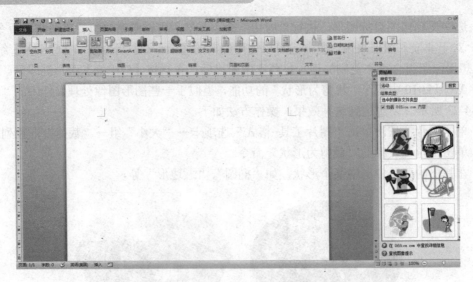

图 3-4-24 "剪贴画"任务窗格

③ 单击"结果类型"下拉三角按钮,在类型列表中仅选中"插图"复选框。

④ 完成搜索设置后,在"剪贴画"任务窗格中单击"搜索"按钮。如果被选中的收藏集中含有指定关键字的剪贴画,则会显示剪贴画搜索结果。单击合适的剪贴画,或单击剪贴画右侧的下拉三角按钮,并在打开的菜单中单击"插入"按钮即可将该剪贴画插入到 Word 2010 文档中。

插入磁盘中存储的图片可以直接选择"插入"选项卡→"插图"组→"图片"命令,在弹出的"插入图片"对话框中选取计算机中存储的图片插入到文档即可。

(2)调整剪贴画和图片的大小和位置

操作步骤如下。

① 单击剪贴画(或图片),将鼠标移到尺寸控点上,拖动鼠标即可调整其大小。

② 如果要移动剪贴画(或图片),选中后使用鼠标将其拖动到新的位置即可。

③ 如果要删除剪贴画(或图片),则选中后按【Delete】键即可。

(3)使用"图片工具-格式"选项卡编辑剪贴画和图片

选中要编辑的图片,弹出"图片工具-格式"选项卡,如图 3-4-25 所示。

图 3-4-25 "图片工具-格式"选项卡

其中包括"调整"、"图片样式"、"排列"、"大小"四个组,可以根据需要对图片进行相应处理。

(4)使用"设置图片格式"对话框编辑剪贴画和图片

选中剪贴画(或图片),右击弹出快捷菜单,单击"设置图片格式"命令,弹出"设置图片格式"对话框,如图 3-4-26 所示,可以使用填充、线条颜色、线型、阴影、映像等各种功能进行图片的编辑与处理。

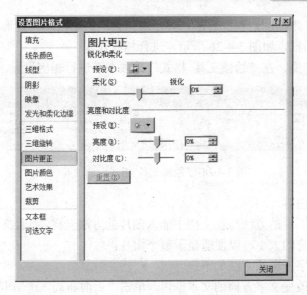

图 3-4-26 "设置图片格式"对话框

3. 文本框

文本框是指一种可以移动、调节大小、编辑文字和图形的容器。使用文本框,可以在文档的任意位置放置多个文字块,或者使文字按照与文档中其他文字不同的方向排列。文本框不受光标所能达到范围的限制,使用鼠标拖动文本框可以移动到文档的任何位置。

（1）创建和编辑文本框

创建和编辑文本框的操作步骤如下。

① 在文档中插入文本框,单击"插入"选项卡→"文本"组→"文本框"按钮,如图 3-4-27 所示。在下拉列表中提供了内置文本框,用户还可以选择自定义文本框,其分为横排文本框和竖排文本框两种形式。

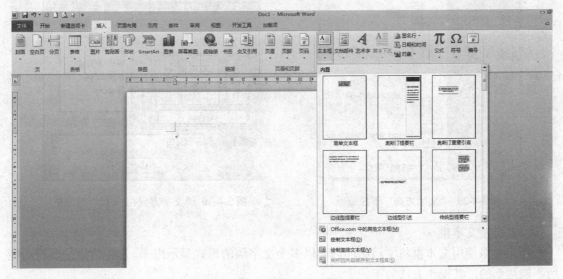

图 3-4-27 "文本框"下拉列表

② 在文本框中可以输入文字或者插入图片。

③ 将鼠标移到文本框的边框上右击,弹出快捷菜单。单击"设置形状格式"命令,弹出"设置形状格式"对话框,如图3-4-26所示,进行相应设置。

④ 或者选中文本框,在"绘图工具-格式"选项卡下进行相应设置,如图3-4-28所示。

图3-4-28 "绘图工具-格式"选项卡

(2)编辑文本框内容

在文本框中插入图片的方法与在文档中插入图片的方法一样,而且文本框会根据插入图片的大小自动调整其本身的大小,以便能显示整个图片。

改变文本框中文字方向的方法如下。

将光标移动到要改变文字方向的文本框内,单击"页面布局"选项卡→"页面设置"组→"文字方向"按钮,弹出"文字方向"下拉菜单,如图3-4-29所示。在其中下拉菜单中选择即可。也可单击"文字方向选项",在弹出的"文字方向-主文档"对话框中进行选择,在"预览"栏中,可以查看文字的显示效果,如图3-4-30所示。

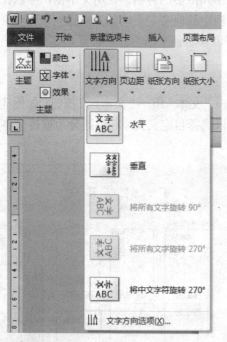

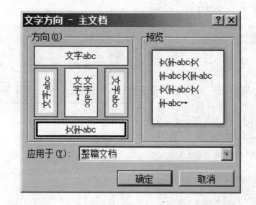

图3-4-29 "文字方向"下拉菜单　　　　图3-4-30 "文字方向-主文档"对话框

(3)链接文本框

用户可以使用文本框将文档中的内容以多个文字块的形式显示出来。这种效果是分栏功能所不能达到的,其操作方法如下。

① 在文档中插入4个文本框,排列为2行2列的形式。

② 选中第一行第一列的文本框,单击"文本框"工具栏中的"创建文本框链接"按钮。

③ 将鼠标移到第二行第一列的文本框中,单击创建一个链接,如图 3-4-31 所示。

④ 再选中第二行第一列的文本框,使用同样的方法,链接第二行第二列的文本框。最后再选中第二行第二列的文本框,链接第一行第二列的文本框。

⑤ 在第一行第一列的文本框中输入文本或者复制已写好的文本,当文本框被写满后,文本会自动排到第二行第一列的文本框中,然后是第二行第二列的文本框中,最后是第一行第二列的文本框中,如图 3-4-32 所示。

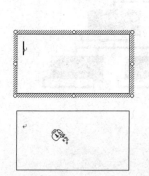

图 3-4-31　创建一个链接　　　　图 3-4-32　用 4 个链接文本框显示文档内容

4. 用 SmartArt 绘制炫目的公司组织结构图

用 Word 2010 的 SmartArt 功能来绘制层次结构图、流程图之类的图既快又美观,深受广大用户的欢迎,下面就用此功能绘制某公司的组织结构图来认识它的用法。

① 依次单击"插入"选项卡→"插图"组→"SmartArt"按钮,在弹出的"选择 SmartArt 图形"对话框中依次单击左侧的"层次结构"→"姓名和职务组织结构图"→"确定"按钮,如图 3-4-33 所示。

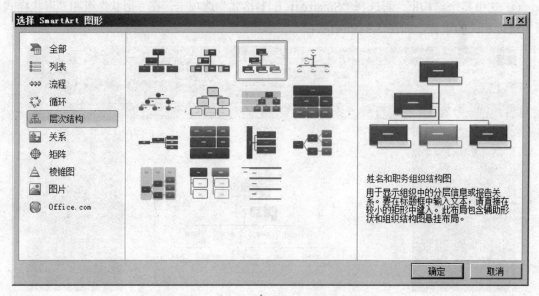

图 3-4-33　"选择 SmartArt 图形"对话框

② 在结构框中录入文本，如图 3-4-34 所示。

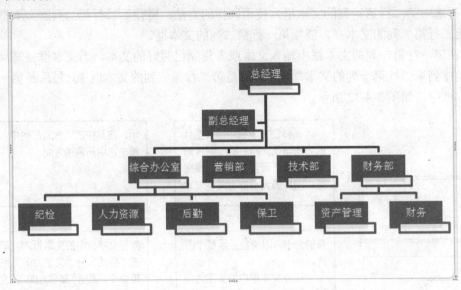

图 3-4-34　在结构框中添加文本

③ 选中绘图画布，选择"SmartArt 工具-设计"选项卡，选择所要的"布局"类型、"SmartArt 样式"等，如图 3-4-35 所示。

图 3-4-35　设计结构图

④ 选中某个结构框，再选择"SmartArt 工具-格式"选项卡，在"形状"组和"形状样式"组中进行相关的设置，如图 3-4-36 所示。

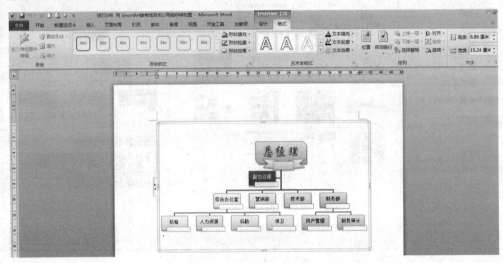

图 3-4-36　设计结构图

3.5 案例 4——求职登记表与成绩表

知识目标
- 创建表格。
- 表格合并与拆分。
- 表格外观规范。
- 表格中数据的计算。
- 表格中数据的排序。
- 文本与表格之间相互转换。
- 图表的生成。
- 图表的编辑与修饰。

3.5.1 案例说明

表格可以把数据信息更直观清晰地表现出来，在 Word 中经常使用表格，例如，在制作求职简历、成绩单的时候，都希望用表格简洁直观地表达信息，并对数据进行分析。通过案例 4A 和案例 4B，我们一起来学习表格的创建与编辑、表格中数据的计算以及图表的创建编辑方法。

1. 案例 4A

制作"求职信息登记表"。以"求职信息登记卡.docx"为文件名保存到"E:\"下。

页面自定义大小 21cm×16cm；页边距：上、下、左、右各为 2.5cm。制作的求职信息登记卡如表 3-5-1 所示，并在其中填入相应信息（王宏利，男，生于 1985 年 5 月 1 日，毕业于北京大学计算机专业，2002 年 9 月入学，2006 年 7 月毕业。2006—2009 年在"蔚蓝广告公司"从事 IC 设计，2009—2012 年在"卧龙软件公司"从事数据库管理系统的设计与维护工作。现欲到银行系统从事计算机系统分析师工作，希望月收入在 8000 元左右。联系地址：深圳市南山区北大街 118 号，电话：123456789）。

表 3-5-1　求职信息登记表

姓名		性别		出生年月		贴照片处
通信地址				电话		
学历	学校名称	系别	入学时间	毕肄业	毕肄业日期	
经历	单位名称	职称	任职时间	离职原因		
应征职务		希望待遇				

制作完成后效果如图 3-5-1 所示。

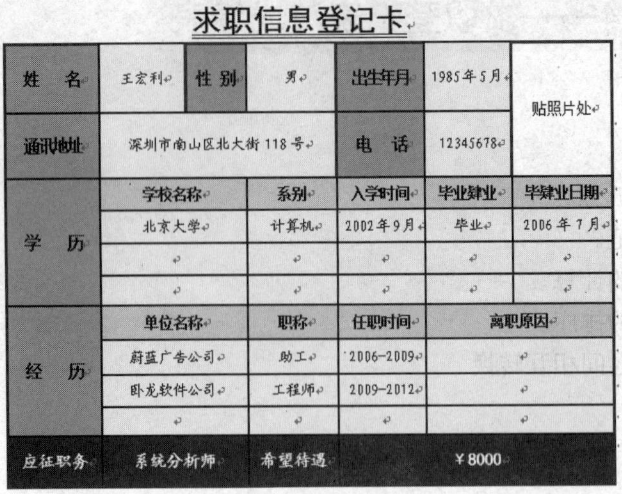

求职信息登记卡

图 3-5-1　案例 4A 效果图

2．案例 4B

制作"学生成绩报告单"。以"成绩报告单.docx"为文件名保存到"E:\"下。

页面大小定义为宽度 21cm，高度为 14cm。参照表 3-5-2 制作学生成绩报告单，并计算出学生的总分和平均分。修改表格：在"平均分"的右侧插入一列"名次"，在表尾插入两行以便计算单科成绩的最高分和最低分。

表 3-5-2　2011—2012 第一学期期末成绩单

学　号	姓　　名	高等数学	计 算 机	英　语	总　分	平 均 分
001	林小龙	89	78	90		
002	张玮	81	67	56		
003	张宏亮	78	98	68		
004	赵玫	90	95	87		
005	李辉	100	89	87		
006	杨楠	56	87	98		
007	王晓艺	89	78	100		

按照学生总分由高到低对表格（不含后两行）排序，添入名次，再按学号升序恢复原表顺序，并统计出单科成绩的最高分和最低分。

标题设置：标题文字为黑体，小三号字，加粗，居中格式，段前及段后间距为 0 行。

表格内容设置：所有标题部分为宋体，五号字，加粗，居中格式；添入数据部分为宋体，五号字，"学号"与"姓名"列为左对齐格式，各科成绩列为居中对齐；统计数据部分：宋体，五号字，加粗，两端对齐，"名次"列为居中对齐。

表格边框与底纹、行高与列宽、文字颜色等设置如图 3-5-2 所示，其中表格外框为蓝色，2.5 磅，单实线，内线为红色，1.5 磅，单实线，统计数据部分的底纹颜色为 RGB（255，230，200）。

2011—2012 第一学期期末成绩单

学号	姓名	高等数学	计算机	英语	总分	平均分	名次
001	林小龙	89	78	90	257	85.7	4
002	张玮	81	67	56	204	68.0	7
003	张宏亮	78	98	68	244	81.3	5
004	赵玫	90	95	87	272	90.7	2
005	李辉	100	89	87	276	92.0	1
006	杨楠	56	87	98	241	80.3	6
007	王晓艺	89	78	100	267	89.0	3
单科最高分		100	98	100			
单科最低分		56	67	56			

图 3-5-2 案例 4B 效果图

表 3-5-2 中前三名学生的各科成绩生成如图 3-5-3 所示的图表。

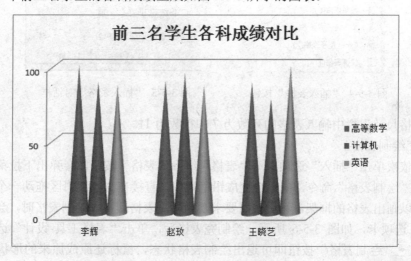

图 3-5-3 前三名各科成绩对比图表

3.5.2 制作步骤

1. 案例 4A 制作步骤

（1）创建表格

创建表格的方法有多种，这里介绍最基本的三种操作方法。

① 使用"表格"按钮快速创建表格。

将光标移动到要插入表格的位置，依次单击"插入"选项卡→"表格"组→"表格"按钮，会弹出下拉菜单，在下拉菜单上部会出现一个 10×8 的网格，向右下方拖动鼠标，选择好所需的行、列数后（行数不能超过 8 行，列数不能超过 10 列），松开鼠标左键，表格创建完成。行的高度和列的宽度为固定值，不能自行设置，如图 3-5-4 所示。

② 使用"插入表格"对话框创建表格。

操作步骤如下：

将光标移动到要插入表格的位置，依次单击"插入"选项卡→"表格"组→"表格"按钮，会弹出下拉菜单，在下拉菜单中选择"插入表格"命令，弹出"插入表格"对话框，如图3-5-5所示。

 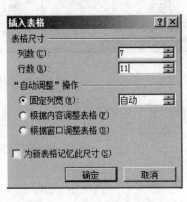

图3-5-4 "插入表格"按钮　　　　图3-5-5 "插入表格"对话框

在"表格尺寸"栏中输入表格的列数为7和行数为11。

③ 手工绘制表格。

方法：依次单击"插入"选项卡→"表格"组→"表格"按钮，会弹出下拉菜单，在下拉菜单中选择"绘制表格"命令，鼠标会变成铅笔形状，直接在文档编辑区拖动一个范围，松开鼠标，就可以画出表格的框架，然后按照要求绘制所需表格即可。绘制表格时，会弹出"表格工具-设计"选项卡，如图3-5-6所示，绘制完表格后，单击"表格工具-设计"选项卡→"绘图边框"组→"绘制表格"按钮即可退出绘制表格状态，鼠标还原成原来的形状。绘制表格4A时可参考表3-5-1。

图3-5-6 "表格工具-设计"选项卡

（2）表格的拆分与合并

表格的拆分可分为拆分单元格和拆分表格两种。

① 拆分单元格。

选中要拆分的单元格，单击"表格工具-布局"选项卡→"合并"组→"拆分单元格"按钮，在弹出的对话框中进行相应操作即可。

② 拆分表格将光标移到要拆分的位置，单击"表格工具-布局"选项卡→"合并"组→"拆分表格"按钮，即可完成表格的拆分。

③ 合并单元格。

选中要合并的单元格，单击"表格工具-布局"选项卡→"合并"组→"合并单元格"按钮，即可完成单元格的合并。

④ 合并表格。

只有当表格的内容相互关联时，才可将它们合并为一个表格。当表格处于相邻的位置时，删除表格间的空行、空格或文字时，两个表格将被合并。

参考案例 4A 中的表 3-5-1 合并或拆分对应单元格。

（3）调整表格的尺寸

① 缩放表格。

将光标指针指到表格上，表格的右下角出现一个小方框，即为表格缩放控点，将鼠标移到此处，按住鼠标左键，再拖动鼠标即可按比例改变表格的大小。

② 设置表格的行高和列宽。

将鼠标移动到要改变高度的行的横线上，拖动鼠标调整高度，虚线表示调整后的高度，如图 3-5-7 所示。松开鼠标左键即可改变该行的高度。同样也可以调整列的宽度，如图 3-5-8 所示。

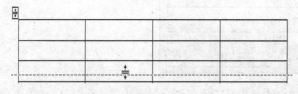
图 3-5-7 设置表格的行高

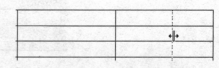
图 3-5-8 设置表格的列宽

使用标尺也可以设置表格的行高和列宽，只要将光标移动到表格内，把鼠标指针移至垂直（或水平）标尺的行（列）标记上，拖动鼠标可改变行高列宽。

根据需要调整刚才拆分合并的表格，使其合理表现内容。

（4）在表格中键入文字

在表格中键入文字的方法与在文档中键入文字的方法完全一致。在键入文字过程中表格会依据键入文字的大小、内容的多少，自动加大行高、列宽。如果表格的位置及内容不符合要求，也可以进行表格的移动、复制和粘贴操作。

（5）设置表格的边框和底纹

使用"边框与底纹"对话框，不仅可以设置文字和段落的边框和底纹，还可以设置表格和单元格的边框和底纹。操作方法如下：

选中表格或者单元格后，会出现"表格工具-设计"选项卡，单击"表格工具-设计"选项卡→"表格样式"组→"边框"按钮，弹出"边框和底纹"对话框，参考效果图，对相应的表格和单元格设置边框和底纹。

2. 案例 4B 制作步骤

（1）创建表格

步骤与案例 4A 相似，创建一个 7 列 8 行的表格，填入表 3-5-2 中的内容。

（2）计算表格中的数据

为了方便用户使用表格中的数据计算，Word 对表格的单元格进行了编号，每个单元格都有一个唯一编号。编号的原则是：表格最上方一行的行号为 1，向下依次为 2，3，4，…；表格最左一列的列号为 A，向右依次为 B，C，D，…。单元格的编号由列号和行号组成，列号在前，行号在后。

求一行或一列数据和的操作方法如下。

① 将光标移动到存放结果的单元格。若要对一行求和，将光标移至该行右端的空单元格内；若要对一列求和，将光标移至该列底端的空单元格内。

② 单击"表格工具-布局"选项卡→"数据"组→"公式"按钮，如图 3-5-9 所示，会弹出"公式"对话框，之后直接单击"确定"按钮即可，如图 3-5-10 所示。

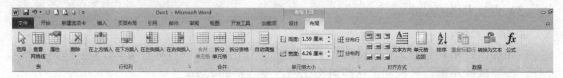

图 3-5-9 "表格工具-布局"选项卡

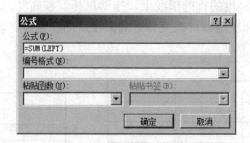

图 3-5-10 "公式"对话框

③ 如果该行或列中含有空单元格，则 Word 将不对这一整行或整列进行累加。如果要对整行或整列求和，则在每个空单元格中输入零。

④ 本案例中计算每个学生的总分使用公式：=SUM(LETF)；可以用快捷键【F4】，重复操作，计算其他学生的总分；计算平均分时，由于左侧的总分不能参与计算，所以使用公式：=AVERAGE(C2:E2) ；=AVERAGE(C3:E3)等。计算结果如图 3-5-11 所示。

学号	姓名	高等数学	计算机	英语	总分	平均分
001	林小龙	89	78	90	257	85.67
002	张玮	81	67	56	204	68
003	张宏亮	78	98	68	244	81.33
004	赵玫	90	95	87	272	90.67
005	李辉	100	89	87	276	92
006	杨楠	56	87	98	241	80.33
007	王晓艺	89	78	100	267	89

图 3-5-11 公式计算结果

（3）数据计算方法

除了求和外，还可以对选中的某些单元格进行平均值、减、乘、除等复杂的运算，操作步骤如下。

① 将光标移动到要放置计算结果的单元格，一般为某行最右边的单元格或者某列最下边的单元格。

② 单击"表格工具-布局"选项卡→"数据"组→"公式"按钮，弹出"公式"对话框，如图 3-5-10 所示。

③ 在"公式"文本框中键入计算公式,其中的符号"="不可缺少。指定的单元格若是独立的则用逗号分开其编号;若是一个范围,则只需要键入其第一个和最后一个单元格的编码,两者之间用冒号分开。例如,=AVERAGE(LEFT)表示对光标所在单元格左边的所有数值求平均值;=SUM(B1:D4)表示对编号由 B1 到 D4 的所有单元格求和,也就是求单元格 B1、C1、D1、B2、C2、D2、B3、C3、D3、B4、C4 和 D4 的数值总和。

④ 在"编号格式"下拉列表框中选择输出结果的格式。在"粘贴函数"下拉列表框中选择所需的公式,输入到"公式"文本框中。

(4) "公式"对话框

用户通过使用"公式"对话框,可以对表格中的数值进行各种计算。计算公式既可以从"粘贴函数"下拉列表框中选择,也可以直接在"公式"文本框中键入。

① 在"粘贴函数"下拉列表框中有多个计算函数,带一对小括号的函数可以接受任意多个以逗号或者分号分隔的参数。参数可以是数字、算术表达式或者书签名。

② 用户可以使用操作符与表格中的数值任意组合,构成计算公式或者函数的参数。操作符包括一些算术运算符和关系运算符,如加(+)、减(-)、乘(*)、除(/)、百分比(%)、乘方和开方(^)、等于(=)、小于(<)、小于或等于(<=)、大于(>)、大于或等于(>=)以及不等于(<>)。

(5) 表格部分插入与删除

① 表格的选定。

选定表格或其中的部分,可以通过鼠标或键盘来操作。方法如下。

● 选中表格:将鼠标移动到表格上,表格左上方会出现表格移动控点,单击该控点可以选中整个表格,如图 3-5-12 所示。

● 选中行:将鼠标移动到要选中行左边的空白选定区上,选中该行,如图 3-5-13 所示。垂直拖动鼠标可以选定多个行。

图 3-5-12　选中整个表格

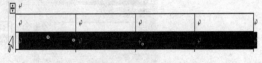

图 3-5-13　选中行

● 选中列:将鼠标移动到要选中列的上方,选中该列,如图 3-5-14 所示。水平拖动鼠标可以选中多个列。

图 3-5-14　选中列

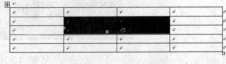

图 3-5-15　选中单元格

● 选中单元格:将鼠标移动到要选中单元格内偏左的位置,选中该单元格,拖动鼠标可以选中多个单元格,如图 3-5-15 所示。

以上操作也可以通过选择"表格工具-布局"选项卡→"表"组→"选择"按钮,选择弹出的下拉菜单中相应的命令完成。

② 插入单元格、行或列

选中表格中单元格（或某行或某列），单击"表格工具-布局"选项卡→"行和列"组→"在上方插入"按钮、"在下方插入"或"在左侧插入"、"在右侧插入"按钮即可在相应位置上插入行或列，如图3-5-9所示。插入单元格的话，选中表格中的单元格，单击"表格工具-布局"选项卡→"行和列"组的对话框启动器按钮，在弹出的"插入单元格"对话框（图3-5-16）中设置即可。

③ 删除单元格、行或列。

选中表格中要删除的单元格（或某行或某列），单击"表格工具-布局"选项卡→"行和列"组→"删除"按钮，弹出下拉菜单如图3-5-17所示，单击相应的命令即可进行删除操作。

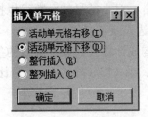

图3-5-16 "插入单元格"对话框

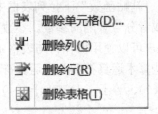

图3-5-17 "删除"按钮的下拉菜单

在步骤（2）结束之后在表格的最后一列右侧右击，选择插入列（右侧），在新增加的列中，列标题设为"名次"。在表格的最后一行后面按【Enter】键就会增加一行，重复一次，达到增加2行的目的，进行相应的单元格合并，参考效果图填入内容。

（6）使用"排序"对话框排序表格中的数据

① 将鼠标移动到表格中，单击"表格工具-布局"选项卡→"数据"组→"排序"按钮，弹出"排序"对话框，如图3-5-18所示。

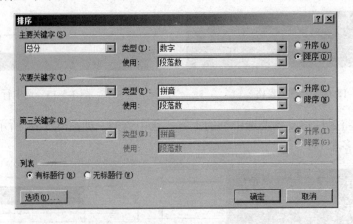

图3-5-18 "排序"对话框

② 在"主要关键字"栏中选择排序首先依据的列，本案例中选择"总分"作为主要关键字，在其右边的"类型"下拉列表框中选择数据的类型。本案例中默认"数字"即可，选中"降序"单选按钮，按照总分降序排列数据。排好序的表格如图3-5-19所示。

学号	姓名	高等数学	计算机	英语	总分	平均分	名次
005	李辉	100	89	87	276	92	1
004	赵玫	90	95	87	272	90.67	2
007	王晓艺	89	78	100	267	89	3
001	林小龙	89	78	90	257	85.67	4
003	张宏亮	78	98	68	244	81.33	5
006	杨楠	56	87	98	241	80.33	6
002	张玮	81	67	56	204	68	7
单科最高分		100	98	100			
单科最低分		56	67	56			

图 3-5-19　按总分排序后表格

（7）排名次，求单科最高最低分

在名次列中，按顺序输入 1，2，3，…。然后再对表格进行按照学号升序排序，利用公式=MAX(ABOVE)和=MIN(ABOVE)求出单科最高分和单科最低分。

（8）修饰表格边框和底纹

参考效果图，修饰表格的边框和底纹，方法参考案例 3A。

（9）创建图表，并对其进行修饰

对表格按总分降序排序，然后选择"插入"选项卡→"插图"组→"图表"按钮→"柱形图"→"簇状圆锥图"，如图 3-5-20 所示。

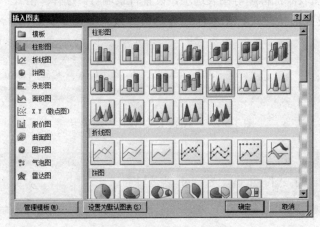

图 3-5-20　"插入图表"对话框

单击"确定"按钮，弹出如图 3-5-21 所示的 Excel 表格。

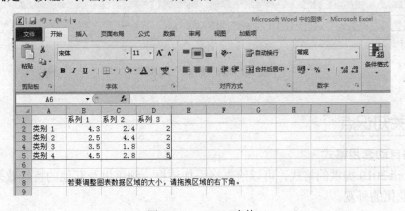

图 3-5-21　Excel 表格

选中表格中 B1:E4，复制粘贴到 Excel 表格 A1 单元格，Excel 表格中的数据为前三名学生的各科成绩。插入的图表对应显示前三名学生的成绩对比，如图 3-5-22 所示。

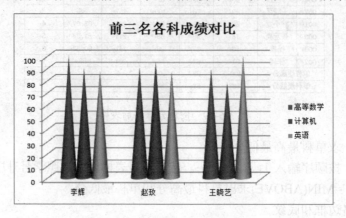

图 3-5-22　前三名学生成绩对比图

双击图表，弹出如图 3-5-23 所示的"图表工具栏"，选择"设计"选项卡（图 3-5-23），可以更改图表类型、选择编辑数据、选择图表布局、选择图表样式等。选择"布局"选项卡（图 3-5-24），可以为图表添加标题等图表选项，设置背景墙等。选择"格式"选项卡（图 3-5-25），可以对图表各元素设置形状样式、艺术样式等。最终效果如图 3-5-3 所示。

图 3-5-23　"图表工具-设计"选项卡

图 3-5-24　"布局"选项卡

图 3-5-25　"格式"选项卡

3.5.3　相关知识点

1. 表格自动套用格式

套用 Word 2010 提供的格式，可以给表格添加边框、颜色以及其他的特殊效果，使得表格具有非常专业化的外观。

① 将光标移到表格中，单击"表格工具-设计"选项卡→"表格样式"组→"外观样式"其他按钮，弹出"外观样式"下拉菜单，如图 3-5-26 所示。

② 在"外观样式"下拉菜单中，选择所需的表格样式。

③ 在"表格工具-设计"选项卡→"表格样式选项"组中，选择表格的标题行、第一列、汇总行和最后一列是否应用选中格式中的特殊设置。

④ 单击"表格工具-设计"选项卡→"表格样式"组→"外观样式"其他按钮，弹出"外观样式"下拉菜单，在下拉菜单中单击"新建表样式"命令，弹出"根据格式设置创建新样式"对话框，可以新建一个表格样式。单击"清除"命令，可以删除选中的表格样式。单击"修改表格样式"命令，弹出"修改样式"对话框，可以修改当前选中的表格样式。

⑤ 完成设置，如图 3-5-27 所示为"浅色底纹，强调文字 6"表格的样式。

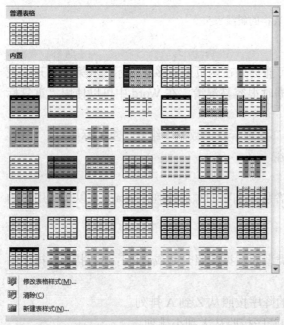

图 3-5-26 "外观样式"下拉菜单　　图 3-5-27 "浅色底纹，强调文字 6"表格的样式

2. 斜线表头的制作

表头是表格中用来标记表格内容的分类，一般位于表格左上角的单元格中。Word 2010 中没有"斜线表头"命令，要制作斜线表头，可使用表格中的"斜下框线"命令即可。下面以制作一个课程表为例来介绍斜线表头的制作。

（1）将光标定位于要制作斜线的单元格如首行首列单元格内。

（2）依次选择"开始"选项卡→"段落"组→"框线"下拉列表。

（3）在弹出的下拉菜单中单击"斜下框线"即可，如图 3-5-28 所示。

提示

① 若要制作斜线表头内含两条或两条以上斜线，可以选择"插入"选项卡→"插图"组→"形状"→"直线"来绘制，后期再进行调整，必要时放大视图和使用【Alt】键来操作。

② 此斜线也可以用"绘制表格"工具直接在单元格中绘制。

③ 斜线表头内的文字定位可使用文本框（文本框去掉边框和填充），必要时将它们组合。

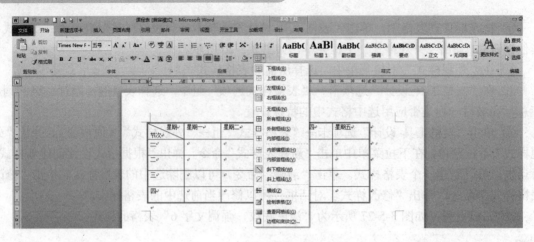

图 3-5-28　制作表格的斜线表头

3. 重复表格标题

有时候表格中的统计项目很多,表格过长可能会分在两页或者多页显示,从第 2 页开始表格就没有标题行了。这种情况下,查看表格数据时很容易混淆。在 Word 中可以使用"重复标题行"选项来解决这个问题。

选中表格的标题行,单击"表格工具-布局"选项卡→"数据"组→"重复标题行"按钮,其他页中的表格首行就会重复表格标题行的内容。

4. 表格排序

排序是指将一组无序的数字按从小到大或者从大到小的顺序排列。Word 可以按照用户的要求快速、准确地将表格中的数据排序。

(1) 排序的准则

用户可以将表格中的文本、数字或者其他类型的数据按照升序或者降序进行排序。排序的准则如下。

① 字母的升序按照从 A 到 Z 排列,字母的降序按照从 Z 到 A 排列。

② 数字的升序按照从小到大排列,数字的降序按照从大到小排列。

③ 日期的升序按照从最早的日期到最晚的日期排列,日期的降序按照从最晚的日期到最早的日期排列。

④ 如果有两项或者多项的开始字符相同,Word 将按上边的原则比较各项中的后续字符,以决定排列次序。

(2) 特殊排序

在前面介绍的排序方法中,都是以一整行进行排序的。如果只要求对表格中单独一列排序,而不改变其他列的排列顺序,操作步骤如下。

① 选中要单独排序的列,然后单击"表格工具-布局"选项卡→"数据"组→"排序"按钮,弹出"排序"对话框。

② 单击其中的"选项"按钮,弹出"排序选项"对话框,如图 3-5-29 所示。

③ 选中"仅对列排序"复选框,单击"确定"按钮,返回"排序"对话框。

④ 再次单击"确定"按钮,完成排序。图 3-5-30 所示为只对表格中的"第三季度"列进行排序的效果。可以看出,第三季度列与第一列中的汽车名称不对应了。

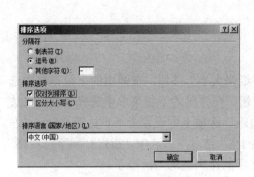

本市全年汽车销售统计图表				
车辆品牌＼季度	第一季度（辆）	第二季度（辆）	第三季度（辆）	第四季度（辆）
桑塔纳	183	156	185	200
捷达	133	130	170	157
别克	148	130	145	163
本田雅阁	183	190	140	208
奥迪	120	102	132	149
马自达	103	99	111	127

图 3-5-29 "排序选项"对话框　　　　图 3-5-30 "仅对列排序"的效果

3.6 案例 5——长文档排版

知识目标

- 页面设置文档网格。
- 样式的应用与样式的创建、修改、删除。
- 分节。
- 页眉页脚。
- 插入域。
- 目录的生成。

3.6.1 案例说明

在学习和工作中经常要写论文或者各种分析报告，一写就是洋洋洒洒几十页。排版的问题经常困扰我们，每次都要花大量的时间修改格式、制作目录和页眉页脚。在长文档排版中有两个要点。① 制作长文档前，先要规划好各种设置，尤其是样式设置；② 不同的篇章部分一定要分节，而不是分页。

下面是针对本案例进行长文档排版的要求。

① 页面设置：A4 纵向，上下页边距均设为 2.5cm，左右页边距 3cm，指定行和字符网格，每页 42 行，每行 40 个字。

② 正文中的样式使用。标题 1：宋体，二号，加粗，居中；标题 2：黑体，三号，加粗，无缩进；标题 3：宋体，四号，加粗，无缩进；正文：宋体，五号，首行缩进 2 字符。

③ 分节。封面一节，目录一节，每一章一节，共分成 6 节。

④ 封面文字为宋体一号字，居中，放在页面中上部，落款名为黑体三号字居中，放在页面底端。

⑤ 页眉页脚，页码。封面无页眉页脚页码；目录无页眉，目录正文页码不续前节，目录

页码为大写罗马数字。正文偶数页页眉左对齐"二级公共基础知识总结";奇数页页眉,右对齐为对应的标题1。正文页码在页面底部,外侧。

⑥ 插入目录。

3.6.2 制作步骤

1. 页面设置

单击"页面布局"选项卡→"页面设置"组→"纸张大小"按钮,在弹出的下拉菜单中选择"A4(21cm×29.7cm)"选项。单击"页边距"按钮,在弹出的下拉菜单中选择"自定义边距"选项,在弹出的"页面设置"对话框中,"页边距"选项卡中设置上下页边距2.5cm,左右页边距3cm。在"页面设置"对话框中选择"文档网格"选项卡,选中"指定行和字符网格"单选按钮,设置每行40字符。每页42行,这样,文字的排列就均匀清晰了。

2. 设置样式

样式是格式的集合。通常所说的格式往往指单一的格式,如字体格式、字号格式等。每次设置格式,都需要选择某一种格式,如果文字的格式比较复杂,就需要多次进行不同的格式设置。而样式作为格式的集合,它可以包含几乎所有的格式,设置时只需选择一下某个样式,就能把其中包含的各种格式一次性设置到文字和段落上。

样式在设置时也很简单,将各种格式设计好后,起一个名字,就可以变成样式。而通常情况下,只需使用Word提供的预设样式就可以了,如果预设的样式不能满足要求,只需略加修改即可。

单击"开始"选项卡→"样式"组的对话框启动器按钮,弹出"样式"任务窗格,如图3-6-1所示。要注意任务窗格底端的"选项"按钮,在图3-6-1中,显示为当前文档中的格式,为了清晰地理解样式的概念,可单击图3-6-1所示的任务窗格底端的"选项"按钮,在弹出的"样式窗格选项"对话框中,在"选择要显示的样式"下拉列表中选择"所有样式"选项,将会显示文档中预设的所有样式,如图3-6-2所示。

图 3-6-1 样式和格式任务窗格　　图 3-6-2 所有样式任务窗格

"正文"样式是文档中的默认样式,新建的文档中的文字通常都采用"正文"样式。很多其他的样式都是在"正文"样式的基础上经过格式改变而设置出来的,因此"正文"样式是 Word 中的最基础的样式,不要轻易修改它,一旦它被改变,将会影响所有基于"正文"样式的其他样式的格式。

"标题 1"~"标题 9"为标题样式,它们通常用于各级标题段落,与其他样式最为不同的是标题样式具有级别,分别对应级别 1~9。这样,就能够通过级别得到文档结构图、大纲和目录。在如图 3-6-2 所示的样式列表中,只显示了"标题 1"~"标题 3"三个标题样式,如果标题的级别比较多,可应用"标题 4"~"标题 9"样式。

此案例中用到的样式如下。

对于文章中的每一章节的大标题,采用"标题 1"样式,章节中的小标题,按层次分别采用"标题 2"和"标题 3"样式。但内置的样式与要求有细小差别,可以进行修改。

选中样式名,单击其右侧的下拉按钮,选择"修改"命令,如图 3-6-3 所示,弹出"修改样式"对话框,如图 3-6-4 所示。

图 3-6-3　修改样式命令　　　　　　图 3-6-4　"修改样式"对话框

"正文"样式修改时,单击"修改样式"对话框中"格式"按钮,选择"段落"选项,将"特殊格式"设为首行缩进 2 字符。将"标题 1"样式修改为居中对齐,缩进"特殊格式"无。"标题 2"样式改为缩进"特殊格式"无。"标题 3"样式字体修改为宋体,四号,加粗。缩进"特殊格式"无。

样式修改好了以后,将光标置于对应文字上,在单击需要设定的样式名,就可以设置对应的样式了。

3. 查看和修改文章的层次结构

全文的样式设置好了之后,就可以查看文章的层次结构了。

文章比较长,定位会比较麻烦。采用样式之后,由于"标题 1"~"标题 9"样式具有级别,就能方便地进行层次结构的查看和定位。

选中"视图"选项卡→"显示"组→"导航窗格"复选框,在文档左侧显示"导航"窗格,如图 3-6-5 所示。选择"浏览您的文档标题"选项卡,即可快速定位到相应位置。

图 3-6-5 "导航"窗格

如果文章中有大块区域的内容需要调整位置,以前的做法通常是剪切后再粘贴。当区域移动距离较远时,同样不容易找到位置。

单击"视图"选项卡→"文档视图"组→"大纲视图"按钮,进入大纲视图。文档顶端会显示"大纲"工具栏,如图 3-6-6 所示。在"大纲"选项卡中选择"显示级别"下拉列表中的某个级别,如"显示级别 3",则文档中会显示从级别 1 到级别 3 的标题,如图 3-6-7 所示。

图 3-6-6 "大纲"工具栏

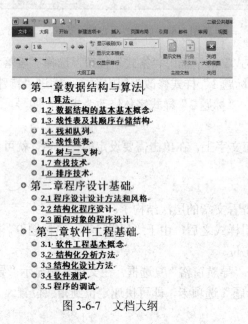

图 3-6-7 文档大纲

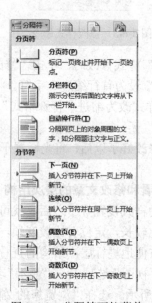

图 3-6-8 分隔符下拉菜单

如果要将"排序技术"部分的内容移动到"查找技术"之前,可将鼠标指针移动到"查找技术"前的十字标记处,按住鼠标拖动内容至"排序"下方,即可快速调整该部分区域的位置。这样不仅将标题移动了位置,也会将其中的文字内容一起移动。

单击"视图"选项卡→"文档视图"组→"页面视图"按钮,即可返回到常用的页面视图编辑状态。

4. 对文章的不同部分分节

文章的不同部分通常会另起一页开始,很多人习惯用加入多个空行的方法使新的部分另起一页,这是一种错误的做法,会导致修改时的重复排版,工作效率低下。另一种做法是插入分页符分页,如果希望采用不同的页眉和页脚,这种做法就无法实现了。

正确的做法是插入分节符,将不同的部分分成不同的节,这样就能分别针对不同的节进行设置。

定位到第一章的标题文字前,单击"页面布局"选项卡→"页面设置"组→"分隔符"按钮,弹出下拉菜单,如图3-6-8所示。单击"分节符"类型中的"下一页"按钮,就会在当前光标位置插入一个不可见的分节符,这个分节符不仅将光标位置后面的内容分为新的一节,而且会使该节从新的一页开始,实现既分节,又分页的功能。

用同样的方法对文章的其他部分分节。对于封面和目录,同样可以用分节的方式将它们设在不同的节。在第一章前加2个分节符,第1节作为封面,第2节作为目录。

如果要取消分节,只需删除分节符即可。分节符是不可打印的字符,默认情况下在文档中不显示。在"开始"选项卡→"段落"组→单击"显示/隐藏编辑标记"按钮,即可查看隐藏的编辑标记。在如图3-6-9中显示了节末尾的分节符。

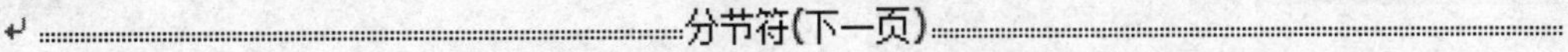

═══════════════════分节符(下一页)═══════════════════

图3-6-9 分节符

单击段落标记和分节符之间部分,按【Delete】键即可删除分节符,并使分节符前后的两节合并为一节。

5. 为不同的节添加不同的页眉

利用"页眉和页脚"设置可以为文章添加页眉。通常文章的封面和目录不需要添加页眉,只有正文开始时才需要添加页眉,因为前面已经对文章进行分节,所以很容易实现这个功能。

因为要求中奇数页和偶数页的页眉不同,所以在设置页眉前必须做如下操作:

单击"页面布局"选项卡→"页面设置"组的对话框启动器按钮,弹出"页面设置"对话框,单击"版式"→"页眉和页脚"处选中"奇偶页不同"。

设置页眉和页脚时,最好从文章最前面开始,这样不容易混乱。按【Ctrl+Home】组合键快速定位到文档开始处,选择"插入"→"页眉和页脚"组→"页眉"按钮,在弹出的下拉菜单中选择"编辑页眉"选项,进入"页眉和页脚"编辑状态,如图3-6-10所示。

注意在页眉的左上角显示的"奇数页页眉–第1节–"提示文字,其表明当前是对第1节设置页眉。由于第1节是封面,不需要设置页眉,因此可在"页眉和页脚–设计"选项卡中单击"下一节"按钮,显示并设置下一节的页眉。

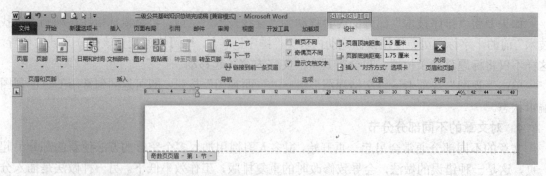

图 3-6-10 "页眉和页脚工具设计"选项卡

第 2 节是目录的页眉，同样不需要填写任何内容，因此继续单击"下一节"按钮。第 3 节的页眉如图 3-6-11 所示，注意页眉的右上角显示有"与上一节相同"的提示，表示第 3 节的页眉与第 2 节一样。如果现在在页眉区域输入文字，则此文字将会出现在所有节的页眉中，因此不要急于设置。

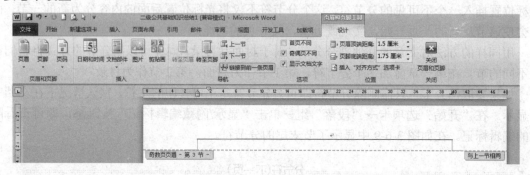

图 3-6-11 第 3 节的页眉

在"页眉和页脚-设计"选项卡→"导航"组中有一个"链接到前一条页眉"按钮，默认情况下它处于按下状态，单击此按钮，取消"链接到前一条页眉"设置，这时页眉右上角的"与上一节相同"提示消失，表明当前节的页眉与前一节不同。

此时再在第 3 节的奇数页页眉处选择"插入"选项卡→"文本"组→"文档部件"→"域"，出现如图 3-6-12 所示的"域"对话框。在该对话框中选择域名为"StyleRef"，域属性样式名为"标题 1"，单击"确定"按钮，并选中文字，右对齐。

之后单击"下一节"按钮，页眉的左上角显示的"偶数页页眉-第 3 节-"提示，页眉的右上角显示有"与上一节相同"的提示，单击"链接到前一条页眉"按钮，取消"链接到前一条页眉"设置，这时页眉右上角的"与上一节相同"提示消失，表明当前节的页眉与前一节不同。输入文字"二级公共基础知识总结"作为页眉，左对齐。后面的其他节无须再设置页眉，因为后面节的页眉默认为"链接到前一条页眉"，即与第 3 节相同。

在此需要注意把第 2 节的页脚、第 3 节的奇数页偶数页的页眉和页脚的"链接到前一条页眉"都取消。

如果这个过程中封面页和目录页的页眉出现一条横线，可以选中页眉处的回车符，单击"开始"选项卡→"段落"组→"下框线"右侧按钮，在弹出的下拉菜单中选择"无框线"。

在"页眉和页脚-设计"选项卡中单击"关闭页眉和页脚"按钮，退出页眉编辑状态。

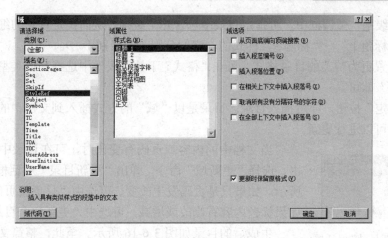

图 3-6-12 "域"对话框

6. 在指定位置添加页码

由于上一步做好了准备工作,使目录节的页脚,正文节的奇数页和偶数页的页脚"链接到前一节页眉"取消了,就可以插入页码了。

在第 2 节单击鼠标,选择"插入"选项卡→"页码"按钮→"设置页码格式"选项,弹出"页码格式"对话框,如图 3-6-13 所示。默认情况下,"页码编号"设置为"续前节",表示页码接续前面节的编号。如果采用此设置,则会自动计算第 1 节的页数,然后在当前的第 2 节接续前面的页号,这样本节就不是从第 1 页开始了。因此需要在"页码编号"中设置"起始页码"为"1",这样就与上一节是否有页码无关了。"编号格式"选择大写罗马数字。单击"确定"按钮。"奇数页页码"右对齐。"偶数页页码"左对齐。

第 3 节页码的设置基本相同,数字格式选阿拉伯数字即可。

7. 插入目录

最后可以为文档添加目录。要成功添加目录,应该正确采用带有级别的样式,如"标题 1"~"标题 9"样式。尽管也有其他的方法可以添加目录,但采用带级别的样式是最方便的一种。

定位到需要插入目录的位置,单击"引用"选项卡→"目录"组→"目录"按钮,在弹出的下拉菜单中选择"插入目录"选项,弹出"目录"对话框,如图 3-6-14 所示。

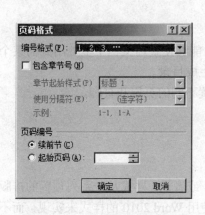

图 3-6-13 "页码格式"对话框

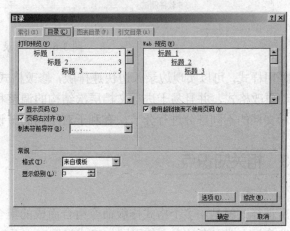

图 3-6-14 "目录"对话框

在"显示级别"微调框中，可指定目录中包含几个级别，从而决定目录的细化程度。这些级别是来自"标题1"～"标题9"样式的，它们分别对应级别1～9。

如果要设置更为精美的目录格式，可在"格式"下拉列表框中选择其他类型。通常用默认的"来自模板"即可。

单击"确定"按钮，即可插入目录。目录是以"域"的方式插入到文档中的（会显示灰色底纹），因此可以进行更新。

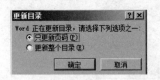

图 3-6-15 "更新目录"对话框

当文档中的内容或页码有变化时，可在目录中的任意位置右击，选择"更新域"命令，弹出"更新目录"对话框，如图 3-6-15 所示。如果只是页码发生改变，可选中"只更新页码"单选按钮。如果标题内容有修改或增减，可选中"更新整个目录"单选按钮。

生成后的目录如图 3-6-16 所示。至此，整篇文档排版完毕。在整个排版过程中，可以注意到样式和分节的重要性。

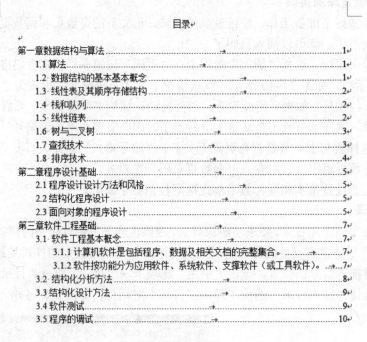

图 3-6-16　目录

采用样式，可以实现边录入边快速排版，修改格式时能够使整篇文档中多处用到的某个样式自动更改格式，并且易于进行文档层次结构的调整和生成目录。

对文档的不同部分进行分节，有利于对不同的节设置不同的页眉和页脚。

3.6.3　相关知识点

1. 样式

所谓样式就是由多个格式排版命令组合而成的集合，或者说，样式是一系列预置的排版指令。当希望文档中多处文本使用同一格式设置时，可以使用 Word 2010 的样式来实现，而不必对文本的字符和段落格式逐个设置。因此，使用样式可以极大提高工作效率。

样式分为内置样式和自定义样式两种,内置样式是 Word 2010 系统自带的、通用的样式,而自定义样式是用户自己定义的样式。两种样式在使用和修改时没有什么区别,只是内置样式不允许被删除。样式可分为两种类型,即段落样式和字符样式。段落样式应用于整个段落,包括字体、行间距、对齐方式、缩进格式、制表位、边框和编号等。字符样式可以应用于任何文字,包括字体、字号和文字效果等。

每个样式都有自己的名称,这就是样式名。单击"开始"选项卡→"样式"组的对话框启动器按钮 ,弹出"样式"任务窗格,可以在其中进行查看、新建、删除或修改样式的操作。

(1) 应用样式

先选定要应用样式的文本,单击"开始"选项卡→"样式"组的对话框启动器按钮 ,弹出"样式"任务窗格,直接单击要应用的样式名称,即可将选定文本设置成样式指定的格式。

(2) 新建样式

在 Word 中创建新样式时,可以选择一个最接近需要的"基准样式",然后在此基础上设计创建新的样式。默认所有样式都以"正文"样式为"基准样式"。因此,如果用户修改了"正文"格式样式,其他样式中的某些格式也将自动进行修改。

要创建新的自定义样式的具体操作步骤如下。

① 单击"开始"选项卡→"样式"组的对话框启动器按钮 ,弹出"样式"任务窗格。

② 在"样式"任务窗格中单击"新建样式"按钮,打开"根据格式设置创建新样式"对话框,如图 3-6-17 所示。

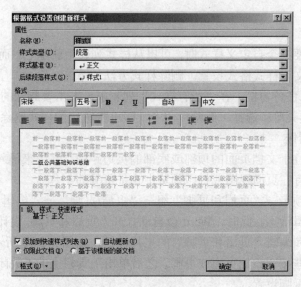

图 3-6-17 "根据格式设置创建新样式"对话框

③ 在"名称"文本框中输入新样式的名称。

④ 在"样式类型"下拉列表中选择"段落"或"字符"选项。

⑤ 在"样式基准"下拉列表中选择一个可作为创建基准的已有样式。

⑥ "后续段落样式"下拉列表是为应用本段落样式的段落之后的段落设置一个默认样式。

⑦ 在"格式"栏可以通过相应按钮设置样式的格式组成。

单击"格式"按钮,在打开菜单列表中可以选择样式的字体、段、制表位、语言、图文框及编号等格式设置组成,并可以设置将来执行样式设置操作的快捷键。

⑧ 如选中"基于该模板的新文档"单选按钮,则新建的样式将添加到创建该文档时所使用的模板中,否则只把新建的样式加入到当前文档中。

⑨ 如选中"自动更新"复选框,并对样式格式做了修改,则系统自动更新样式,并自动修改当前文档中使用本样式的文本格式。

⑩ 为新建的样式设置完所有格式后,单击"确定"按钮,完成新样式的创建。

新样式创建完成后,将出现在"样式"任务窗格中,在以后的格式排版中便可以使用了。

(3) 修改样式

在 Word 2010 中,对内置样式和自定义样式都可以进行修改。修改样式后,系统会自动对文档中使用该样式设置的文本格式进行重新设置。修改样式的操作步骤如下:

① 单击"开始"选项卡→"样式"组的对话框启动器按钮，弹出"样式"任务窗格。

② 单击"样式"任务窗格底部的"选项"按钮,在弹出的"样式窗格选项"对话框中的"选择要显示的样式"下拉列表框中,选择"所有样式"选项,再在上面的列表中查找。

③ 找到后将鼠标指向该样式名,单击样式名右侧的下拉箭头,在弹出的菜单列表中选择"修改"选项,或直接用鼠标右击样式名,在弹出的快捷菜单中选择"修改"命令,打开"修改样式"对话框对样式进行修改。

修改样式的后期过程与创建样式基本相同,这里不再详细介绍。修改完成后单击"确定"按钮即可。

此外,通过对文档中已使用样式设置的文本重新设置格式,同样可以达到修改相应样式的目的。

(4) 删除样式

当文档中不再需要某个自定义样式时,可以从样式列表中删除它,而原来文档内使用该样式的段落将改用"正文"样式格式设置。删除样式方法如下。

① 打开"样式"任务窗格,在"所有样式"列表中,右击要删除的样式名。

② 在弹出的快捷菜单中选择"删除"命令,即可将所选的样式删除。

2. 页眉页脚的制作

页眉和页脚分别位于文档页面的顶部或底部的页边距中,常用来插入标题、页码、日期等内容。页眉和页脚只有在页面视图或打印预览中才是可见的。

选择"插入"选项卡→"页眉和页脚"组→"页眉/页脚"→"编辑页眉/页脚"选项,就会进入页眉和页脚编辑状态。此时,Word 会自动打开"页眉和页脚-设计"选项卡。该选项卡提供了许多用来创建和编辑"页眉和页脚"的工具按钮,如图 3-6-10 所示。

用户可以使用这些按钮添加页眉或页脚。之后单击工具栏上的"关闭页眉和页脚"按钮即可完成简单的页眉和页脚设置。

在多页文档如书籍、杂志、论文中,同一章的页面采用章标题作为页眉,不同章的页面页眉不同,这可以通过每一章作为一个节,每节独立设置页眉页脚的方法来实现。

(1) 页眉的制作方法

在各个章节的文字都排好后,设置第一章的页眉。然后跳到第一章的末尾,单击"页面布局"选项卡→"页面设置"组→"分隔符"按钮,分节符类型中选择"下一页"选项,不要选择"连续"选项,若是奇偶页排版根据情况选择"奇数页"或"偶数页"选项。这样就在光标所在的地方插入了一个分节符,分节符下面的文字属于另外一节了。光标移到第二章,这时可以看到第二章的页眉和第一章是相同的,双击页眉,Word 会弹出"页眉页脚工具"栏,工具栏上有一个"链接到前一条页眉"按钮，单击这个按钮则本节的页眉与前一节相同，我们需要的是各章的页眉互相独立，因此把这个按钮调整为"弹起"状态，然后修改页眉为第二章标题，完成后关闭工具栏。其余各章的制作方法相同。当然也可采用插入"域"的办法会更简单方便，例如，当页眉为每一章的章标题时，可以选择"插入"选项卡→"文本"组→"文档部件"→"域"选项，弹出"域"对话框，选择 StyleRef 域名，样式名选择"标题1"即可。

（2）页脚的制作方法

页脚的制作方法相对简单。通常正文前还有扉页和目录等，这些页面是不需要编页码的，页码从正文第一章开始编号。首先，确认正文的第一章和目录不属于同一节。然后，光标移到第一章，选择"插入"选项卡→"页眉和页脚"组→"页脚"→"编辑页脚"选项，弹出"页眉页脚工具"栏，切换到页脚，确保"链接到前一条页眉"按钮处于弹起状态，插入页码，这样正文前的页面都没有页码，页码从第一章开始编号。

（3）页眉和页脚的删除

选择"插入"选项卡→"页眉和页脚"组→"页眉"→"编辑页眉"选项，首先删除文字，然后选中页眉处的回车符，单击"开始"选项卡→"段落"组→"下框线"右侧按钮，在弹出的下拉菜单中选择"无框线"选项。切换到"页脚"，删除页码。

3．生成目录

目录用于为读者提供有关内容、层次结构、引用等方面的信息，通过目录，读者可以快速找到需要阅读的部分。一般情况下，长文档都有一个目录，目录列出了长文档中各级标题名称以及每个标题所在的页码，可以通过目录来浏览文档中讨论了哪些主题并迅速定位到某个主题。

Word 2010 具有自动编制目录的功能。在生成的目录中，按下【Ctrl】键同时单击目录中的某个页码，就可以快速跳转到文档中该页码对应的标题位置。

（1）自动编制目录

在插入目录之前，应该确定需要哪些标题插入为目录，这些标题必须以样式来定义，而且同一级别的标题必须使用相同的样式。最好使用 Word 2010 内置的标题样式（"标题1"～"标题9"）。自动为文档编制目录的方法如下。

① 在文档中，将内置标题样式（"标题1"～"标题9"）应用到要包括在目录中的标题上。

② 单击要插入目录的位置。一般在文档的开头部分。

③ 选择"引用"选项卡→"目录"组→"目录"→"插入目录"选项，弹出的"目录"对话框中选择"目录"选项卡，如图 3-6-14 所示。

④ 单击"常规"选项组中"格式"下拉列表框右侧的按钮，在下拉列表中选择一种编制目录的风格。

⑤ 如果选中"来自模板"格式，则创建的目录按照内建的默认目录样式来格式化目录。如果不满意，可以单击"修改"按钮修改内建的目录样式。

⑥ 如果选中"显示页码"复选框，表示在目录中每一个标题后面显示页码。

⑦ 如果选中"页码右对齐"复选框，表示目录中的页码右对齐。

⑧ 在"显示级别"列表框内可以指定目录中显示的标题层数。

⑨ 单击"制表符前导符"下拉列表框右侧按钮可以在下拉列表中选择标题与页码之间的分隔符，默认是"…"。

⑩ 单击"确定"按钮，系统将搜索整个文档的标题及标题所在的页码，把它们编制成为

目录插入到文档中。

（2）修改目录

自动编制好的目录被插入到文档中后，可以像编辑文档中任意文本一样来编辑目录中的文本。如果对目录的格式或目录页码的前导符格式不满意，也可以重新对其修改。修改目录格式的操作步骤如下。

① 如前所示打开"目录"对话框并选择"目录"选项卡。

② 从"格式"下拉列表框中选择"来自模板"格式，然后单击"修改"按钮，打开"样式"对话框。

③ 在"样式"对话框中的"样式"列表框中选择要修改的样式，然后单击"修改"按钮，打开"修改样式"对话框。

④ 对所选择的目录样式格式进行修改。修改结束后，单击"确定"按钮，返回"样式"对话框。再在"样式"对话框中单击"确定"按钮逐步返回"目录"对话框。

⑤ 单击"确定"按钮，返回文档，结束对目录格式的修改。

4. 公式编排

使用 Word 2010 的公式编辑器，可以在 Word 文档中加入分式、微分、积分及 150 多个数学符号，从而创建复杂的数学公式。下面举例说明利用公式编辑器输入公式的方法。

假如要在文档中输入公式 $X = \dfrac{\sqrt{\alpha+\beta}}{c^2}$，操作步骤如下。

① 在文档中单击要插入公式的位置。

② 选择"插入"选项卡→"符号"组→"公式"→"插入新公式"选项，进入到"公式工具-设计"选项卡，如图3-6-18所示。

图3-6-18 "公式工具-设计"选项卡

该选项卡分为"工具"、"符号"、"结构"三组，"符号"组按钮提供了符号列表，从中可以选择插入一些特殊的符号，如希腊字母、关系符号等；"结构"组为"模板"按钮，提供了编辑公式所需的各种不同的模板样式，如分式、根式、上标和下标等。

③ 在公式编辑框中由键盘输入"$X=$"。

④ 在"公式工具 设计"选项卡中，单击"分数"→选择"分式（竖式）"模板，则在"$X=$"右边出现分式符，并在上面和下面各出现一个虚线方框，称为插槽。

⑤ 将插入点定位于分子插槽内，然后单击"符号"组→选择希腊字母"α"→键盘输入"+"，同样输入希腊字母"β"。

⑥ 单击分式的分母插槽→"结构"组→"上下标"→选择"上标"模板→在下方输入字母"c"，右上方输入上标2。

⑦ 输入完毕，用鼠标在公式编辑区外的任意位置单击，退出公式编辑状态。

如果对所编辑的公式不满意，只要单击要修改的公式，进入"公式工具-设计"选项卡进行修改即可。

3.7 案例 6——利用邮件合并制作批量信函

知识目标
- 字符与段落格式的设置。
- 制表位的使用。
- 页面设置。
- 背景水印的设置。
- 邮件合并。

3.7.1 案例说明

在日常工作中,经常需要处理大量的日常报表和信件,如邀请函、工资条或者是学校一年一度的新生录取通知书等。这些报表、信件其主要内容基本相同,只是具体数据有所变化,这些数据经常保存在 Microsoft Word、Microsoft Access、Microsoft Excel 中,难道只能一个一个地复制粘贴吗?其实,借助 Word 2010 中提供的"邮件合并"功能完全可以轻松、准确、快速地完成数据整合应用的任务。

图 3-7-1 所示的就是一个合并了数据源后的录取通知书,该文档中的新生姓名、系别等信息都是从一个已存在的 Word 表格中自动读取过来的。利用这样的一个录取通知书文档,用户只需要专注于 Word 文档的制作,而不必因为新生名单的改变而对文档做丝毫的改动。

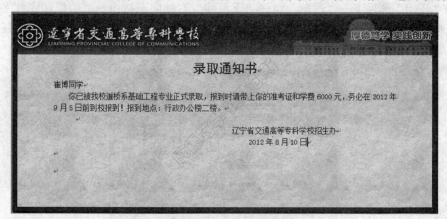

图 3-7-1 合并了数据源后的录取通知书

在本案例中,首先利用前面章节中所学的知识制作一个普通的录取通知书。然后使用 Word 提供的"邮件合并"功能将新生信息表中的数据合并到录取通知书中,这一合并过程将是本案例重点讲述的内容。

3.7.2 制作步骤

使用邮件合并功能之前需要先建立主文档和数据源文档,在本例中主文档为 Word 制作的录取通知书文档,数据源文档是利用 Word 表格制作的新生信息表。

步骤1：制作主文档录取通知书。

录取通知书不同于其他活动的通知，它往往代表学校的形象。因此，录取通知书的制作要求正规并且美观大方。下面就介绍制作一个录取通知书的方法。

① 首先要先确定录取通知书的尺寸。

选择"页面布局"选项卡→"页面设置"组的对话框启动器按钮，在弹出的"页面设置"对话框中将纸张宽度设置为21cm，纸张高度设置为9.5cm，上、下页边距设置为2cm。

② 输入录取通知书的固定文本内容并进行字符、段落格式设置。样文如下。

录取通知书

　　同学

　　你已被我校系专业正式录取，报到时请带上你的准考证和学费元，务必在2012年9月5日前到校报到！

　　报到地点：行政办公楼二楼。

辽宁省交通高等专科学校招生办
2012年8月10日

设置要求如下。
- 标题设置为黑体、小二号字、居中显示。
- 正文为宋体、五号、首行缩进2字符。
- 落款要求利用居中制表位在30字符位置处进行居中对齐。

③ 为录取通知书添加页面边框。

选择"开始"选项卡→"段落"组→"下框线"右侧向下按钮→"边框和底纹"选项，打开"边框和底纹"对话框并选择"页面边框"选项卡，设置为"方框"，颜色为"深红"，线型为实线，宽度为6磅，如图3-7-2所示。

图3-7-2　录取通知书的页面边框设置

④ 设置录取通知书的背景和水印。具体操作如下。

选择"页面布局"选项卡→"页面背景"组→"页面颜色"→"填充效果"选项，弹出的"填充效果"对话框中选择"纹理"选项卡，在纹理当中选择"信纸"，单击"确定"按钮，如图3-7-3所示。

选择"页面布局"选项卡→"页面背景"组→"水印"→"自定义水印"选项，打开"水印"对话框，设置文字内容为学校校训"厚德笃学　实践创新"，华文彩云32号字，版式为"斜式"，颜色为"红-半透明"，如图3-7-4所示。

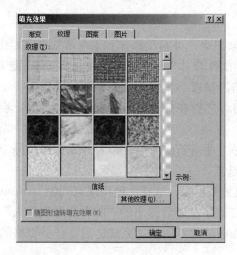　　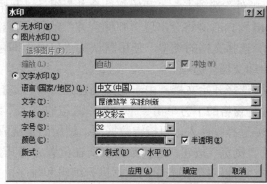

图 3-7-3　背景填充效果　　　　　　图 3-7-4　录取通知书的水印设置

⑤ 插入带有校徽图案的图片。

单击"插入"选项卡→"插图"组→"图片"按钮,选择校标图片,在"图片工具格式"→"排列"组→"位置"→"其他布局选项"→"文字环绕"选项卡中设置图片环绕方式为"浮于文字上方"。拖动鼠标将图片移动到录取通知书上部。

⑥ 保存文件,完成的录取通知书如图 3-7-5 所示,但此时该文档还没有合并数据,即没有将新生信息整合到录取通知书文档中。

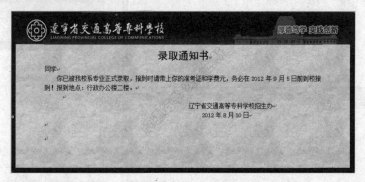

图 3-7-5　合并前的录取通知书

步骤 2:制作数据源文档。

在本例中,使用 Word 表格制作新生信息表,表格内容如表 3-7-1 所示。

表 3-7-1　新生信息表

姓　名	系　别	专　业	学　费
崔博	道桥	基础工程	6000
汪珊	信息	网络	5000
李畅	机械	机电一体化	6500
刘飞	物流	报关	5000

保存制作的表格,将其作为录取通知书的数据源文档。

步骤3：利用邮件合并功能完成数据的合并。

下面的工作就是将新生信息表中的相应数据读取出来，并自动添加到录取通知书文档中。选择"邮件"选项卡→"开始邮件合并"组→"开始邮件合并"→"邮件合并分步向导"选项，在Word窗口右侧将会出现"邮件合并"的任务窗格，按以下步骤进行邮件合并操作。

① 选择文档的类型，使用默认的"信函"即可，之后在任务窗格的下方单击"下一步：正在启动文档"选项。

② 选择开始文档。由于主文档已经打开，选择"使用当前文档"作为开始文档即可，之后在任务窗格的下方单击"下一步：选取收件人"选项。

③ 选择收件人，即指定数据源。使用的是现成的数据表，选择"使用现有列表"，并单击下方的"浏览"按钮，选择数据表所在位置并将其打开。在随后弹出的"邮件合并收件人"对话框中，可以对数据表中的数据进行编辑和排序，如图3-7-6所示。完成之后在任务窗格的下方单击"下一步：撰写信函"选项。

④ 撰写信函。这是最关键的一步。在文档中直接单击要插入姓名的位置，单击任务窗格的"其他项目"按钮，打开"插入合并域"对话框，如图3-7-7所示，选择"姓名"字段，并单击"插入"按钮。重复这些步骤，将"系别"和"学费"的信息填入。插入合并域后的文档如图3-7-8所示。完成之后在任务窗格的下方单击"下一步：预览信函"选项。

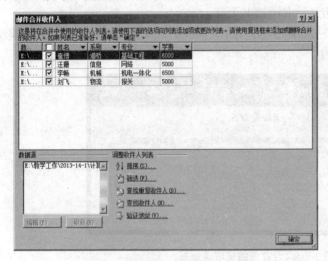

图3-7-6 "邮件合并收件人"对话框

图3-7-7 "插入合并域"对话框

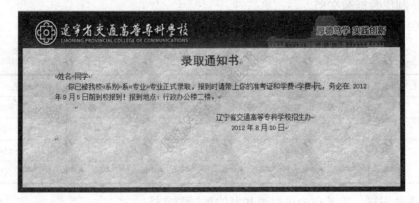

图3-7-8 录取通知书效果图

⑤ 预览信函,可以看到一封一封已经填写完整的信函。如果在预览过程中发现了什么问题,还可以进行更改,如对收件人列表进行编辑以重新定义收件人范围,或者排除已经合并完成的信函中的若干信函。完成之后在任务窗格的下方单击"下一步:完成合并"选项。

⑥ 完成合并,可根据个人要求选择"打印"或"编辑单个信函"选项。"编辑单个信函"选项作用是将这些信函合并到新文档,可以根据实际情况选择要合并的记录范围,如图 3-7-9 所示。之后可以对这个文档进行编辑,也可以将它保存下来留备后用。

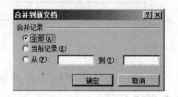

图 3-7-9 "合并到新文档"对话框

在日常工作中,"邮件合并"功能除了可以批量处理信函、信封等与邮件相关的文档外,一样可以轻松地批量制作标签、工资条、成绩单等。因此熟练使用"邮件合并"工具栏可以大大降低工作强度,提高操作的效率。

在本例中,一定要掌握"邮件合并"的 3 个基本过程。只有充分理解了这 3 个基本过程,才能抓住了邮件合并的"纲",从而有条不紊地运用邮件合并功能解决实际问题。

邮件合并的 3 个过程如下。
① 建立主文档。
② 准备好数据源。
③ 把数据源合并到主文档中。

3.7.3 工资条的制作

很多用户习惯使用 Excel 来制作工资条,但要做到每行都有相同的标题栏,则必须要使用多个技巧或函数才能完成,对于初学者而言比较难掌握。其实利用邮件合并功能,让 Excel 与 Word 组合使用,则更简单、好用,下面举例说明操作方法。

步骤 1:在 Excel 中准备好数据源(所得税起征点为 3500 元),如图 3-7-10 所示。

	A	B	C	D	E	F	G	H
1	姓名	部门	基本工资	津贴	奖金	应发工资	所得税	实发工资
2	谢一橙	财务部	3500.00	280.00	260.00	4040.00	16.20	4023.80
3	马能英	财务部	3500.00	280.00	320.00	4100.00	18.00	4082.00
4	张奇所	财务部	3500.00	280.00	190.00	3970.00	14.10	3955.90
5	李寞	财务部	3500.00	280.00	280.00	4060.00	16.80	4043.20
6	宋欣燕	开发部	5000.00	360.00	380.00	5740.00	119.00	5621.00
7	钟世廷	开发部	4000.00	360.00	530.00	4890.00	41.70	4848.30
8	陈爱炳	开发部	4000.00	360.00	280.00	4640.00	34.20	4605.80
9	杨学练	开发部	4000.00	300.00	380.00	4680.00	35.40	4644.60
10	李佑海	销售部	3000.00	300.00	570.00	3870.00	11.10	3858.90
11	陶俊杰	销售部	3000.00	300.00	600.00	3900.00	12.00	3888.00
12	章日照	销售部	2500.00	300.00	460.00	3260.00	0.00	3260.00
13	陈洪生	销售部	2500.00	300.00	380.00	3180.00	0.00	3180.00

图 3-7-10 工资表示例

步骤 2:新建一个 Word 文档,选择"邮件"选项卡→"开始邮件合并"组→"开始邮件合并"按钮→"目录",在文档中创建如图 3-7-11 所示的内容。

步骤 3:将光标定位在第 1 个单元格内,依次单击"选择收件人"→"使用现有列表",在弹出的"选取数据源"对话框中选择步骤 1 制作好的数据源,单击"打开"按钮。

×××公司 2011 年 7 月工资

姓名	部门	基本工资	津贴	奖金	应发工资	所得税	实发工资

图 3-7-11 主文档

步骤 4：单击"插入合并域"右侧按钮，在弹出的下拉菜单中逐个插入对应的"域"，如图 3-7-12 所示。

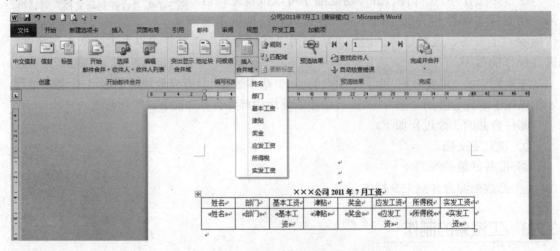

图 3-7-12 向主文档表格内插入对应的域

步骤 5：依次选择"邮件"选项卡→"完成"组的"完成并合并"按钮→"编辑单个文档"命令，打开"合并新文档"对话框，设置要合并的范围，单击"确定"按钮，最后保存此文档。最终的结果如图 3-7-13 所示。

	×××公司 2011 年 7 月工资						
姓名	部门	基本工资	津贴	奖金	应发工资	所得税	实发工资
谢一楦	财务部	3500	280	260	4040	16.2	4023.8
	×××公司 2011 年 7 月工资						
姓名	部门	基本工资	津贴	奖金	应发工资	所得税	实发工资
马能英	财务部	3500	280	320	4100	18	4082
	×××公司 2011 年 7 月工资						
姓名	部门	基本工资	津贴	奖金	应发工资	所得税	实发工资
张奇所	财务部	3500	280	190	3970	14.1	3955.9
	×××公司 2011 年 7 月工资						
姓名	部门	基本工资	津贴	奖金	应发工资	所得税	实发工资
李寞	财务部	3500	280	280	4060	16.8	4043.2
	×××公司 2011 年 7 月工资						
姓名	部门	基本工资	津贴	奖金	应发工资	所得税	实发工资
宋欣燕	开发部	5000	360	380	5740	119	5621
	×××公司 2011 年 7 月工资						
姓名	部门	基本工资	津贴	奖金	应发工资	所得税	实发工资
钟世廷	开发部	4000	360	530	4890	41.7	4848.3

图 3-7-13 合并好的文档

提示

(1) 主文档类型要选择"目录"型。

(2) 为了方便后期工资条的裁剪,主文档中的"×××公司 2011 年 7 月工资"所在的段落可适当增加一些段落间距。

3.7.4 相关知识点

1. 为文档设置密码保护

Word 2010 提供了文档的多种保护方式,可以设置密码保护,也可以设置文档保护。为文档设置文件打开密码和文件修改密码,设置密码后将拒绝未经授权的用户对文档进行打开或修改操作。设置文档密码保护步骤如下:

① 选择"文件"→"另存为"选项,打开"另存为"对话框,单击"工具"按钮→"常规选项",弹出"常规选项"对话框,如图 3-7-14 所示。

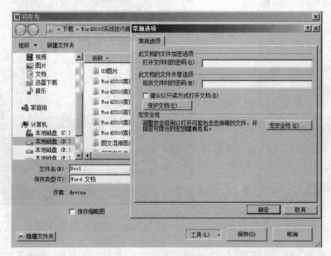

图 3-7-14 "常规选项"对话框

② 在"打开文件时的密码"文本框中输入并确认一个限制打开文档的密码。设置此密码后,再次打开该文档时,只有给出正确的密码才能打开文档。

③ 在"修改文件时的密码"文本框中输入并确认一个限制文档修改的密码。设置此密码后,再次打开该文档时如果不输入修改密码将提示以只读方式打开,既不能保存对文档的修改(当然可以将修改后的文档另存一份)。

④ 单击"确定"按钮,关闭对话框,密码设置生效。

如果要删除密码,选中"打开文件时的密码"或"修改文件时的密码"文本框中的内容并删除,再单击"确定"按钮即可删除密码。

2. 保护文档

Word 2010 的"限制编辑"功能除了提供以前版本的修订保护、批注保护、窗体保护之外,还新增了对文档格式的限制、对文档的局部进行保护等功能。启用"限制编辑"后,不需要输入密码就可以打开文件,但是不允许更改文件内容。

(1) 设置文档的格式限制功能来保护文档格式

① 选择"开发工具"选项卡→"保护"组→"限制编辑"按钮,打开"限制格式和编辑"

任务窗格。

② 在"限制格式和编辑"任务窗格中,选中"限制对选定的样式设置格式"复选框,单击"设置"按钮,弹出如图 3-7-15 所示的"格式设置限制"对话框。

③ 在弹出的"格式设置限制"对话框中,选中"限制对选定的样式设置格式"复选框,然后在对话框中选择需要进行格式限制的样式,并清除文档中不允许设置的样式,如图 3-7-16 所示。

④ 单击"确定"按钮,在弹出的警告对话框中单击"是"按钮。

例如,在"格式设置限制"对话框中取消选中"标题 1"样式,单击"确定"按钮后,全部应用了"标题 1"样式的区域格式将会被清除,而其他格式则保留。

⑤ 在"限制格式和编辑"任务窗格中单击"是,启动强制保护"按钮。

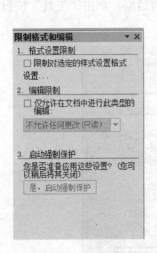
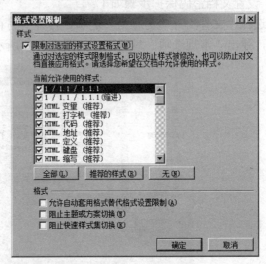

图 3-7-15 "限制格式和编辑"任务窗格　　图 3-7-16 "格式设置限制"对话框

⑥ 在"启动强制保护"对话框中的"新密码(可选)"文本框中输入密码,确认该密码后单击"是"按钮即可启动文档格式限制功能。

(2) 设置文档的局部保护

文档的局部保护可以将部分文档指定为无限制(允许用户编辑)。具体方法如下:

① 选定需要进行编辑的(无限制的)文本,按住【Ctrl】键可选中不连续的内容。

② 在"编辑限制"的"仅允许在文档中进行此类型的编辑"列表中选中"不允许任何更改(只读)"选项,防止用户更改文档,如图 3-7-17 所示。

③ 在"例外项"中选择可以对其编辑的用户。

如果允许打开文档的任何人编辑所选部分,则选中"组"框中的"每个人"复选框。

如果允许特定的个人编辑所选部分,单击"更多用户"选项,然后输入用户名(可以是 Microsoft Windows 用户账户或电子邮件地址),用分号分隔,单击"确定"按钮,如图 3-7-18 所示。

④ 对于允许编辑所选部分的个人,请选中其名字旁的复选框,最后单击"是,启动强制保护"选项,并输入保护密码。

提示

若要给文档指定密码,以便知道密码的用户能解除保护,请选中"密码"单选按钮并输入和确认密码。若要加密文档，使得只有文档的授权拥有者才能解除保护，请选中"用户验证"单选按钮，如图 3-7-19 所示。

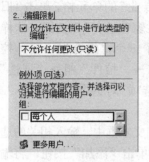

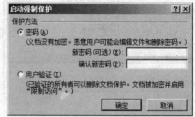

图 3-7-17　编辑限制　　　图 3-7-18　"添加用户"对话框　　图 3-7-19　"启动强制保护"对话框

这样，只有选定区域的文本可以编辑（突出显示），而其他没有选中的区域就不能进行编辑。

在"限制格式和编辑"任务窗格的"编辑限制"列表中还有如下 3 个选项（设置方法同上）。

① 批注：不允许添加、删除文字或标点，也不能更改格式，但是可以在文档中插入批注。

② 修订：允许修改文件内容或格式，但是任何修改都会以突出的方式显示，并作为修订保存，原作者可以选择是否接受修订。

③ 填写窗体：保护窗体后，输入点光标消失，不允许直接用鼠标选择文字，也无法更改文档。

如果要停止保护，可单击"限制格式和编辑"任务窗格底部的"停止保护"按钮。

3. 窗体设计

在实际生活中有许多表单需要填写，如"请假单"、"问卷调查"、"反馈表"等，通常情况下，这些表单制作完成后需要打印出来，然后再进行填写，但是这样的表单难以统计和管理填写情况。

通过 Microsoft Word 2010 的窗体设计，便可以实现在线的电子表单填写了。设计 Word 表单的操作步骤如下：

① 首先利用 Word 创建一个可供填写信息的表单文档，如图 3-7-20 所示。

② 选择"开发工具"选项卡→"控件"组→"旧式工具"按钮，打开"旧式窗体"工具栏，如图 3-7-21 所示，"旧式窗体"工具栏中主要包括"文字型窗体域"、"复选框型窗体域"和"下拉型窗体域"3 种形式。

图 3-7-20　使用 Word 编辑调查表　　　图 3-7-21　"旧式窗体"工具栏

③ 将光标停留在要填写"班级"的单元格内，单击"旧式窗体"工具栏中的"文本域（窗体控件）"按钮，这样在光标所在的单元格中就插入了一个"文本域（窗体控件）"。如果文本

域（窗体控件）处于激活状态，则在插入"文本域（窗体控件）"的位置上会显示出域底纹，反映在文档中则是一小块灰色的标记。

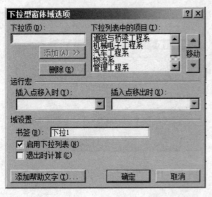

图 3-7-22 "下拉型窗体域选项"对话框

④ 将光标置于需要填写"专业"的单元格，单击"旧式窗体"工具栏中的"组合框（窗体控件）"按钮，这样在光标所在的单元格中就插入了一个"组合框（窗体控件）"。单击"开发工具"选项卡→"控件"组→"属性"按钮，可以打开"下拉型窗体域选项"对话框，如图 3-7-22 所示。

⑤ 在对话框中的"下拉项"文本框中，输入相关的选择项目。每输入一个选项，可以单击"添加"按钮，将输入项添加到"下拉列表中的项目"列表中。在"下拉列表中的项目"列表中选中某个选项，然后单击列表右侧的上下箭头按钮，可以在列表框中移动选项到合适的位置。

⑥ 按照同样的方法完成调查表中其他区域的窗体制作。

这样，一个电子调查表就完成了。单击"审阅"选项卡→"保护"组→"限制编辑"按钮，在弹出的"限制格式和编辑"任务窗格中，选择编辑限制中"仅允许在文档中进行此类型的编辑"复选框，在下拉菜单中选择"填写窗体"，单击"启动强制保护"中的"是，启动强制保护"按钮，在弹出的"启动强制保护"对话框中输入密码，单击"确定"按钮后，此时窗体处于保护状态，这样不仅可以做到避免文档的格式被破坏，更重要的是用户只可以在窗体里输入信息，不能在窗体以外的地方输入，可以使文档更加规范，如图 3-7-23 所示。

图 3-7-23 电子调查表

提示

只有在保护窗体的状态下，才能填写窗体内容。要修改窗体，首先要解除对所选窗体的保护。还有要保护文档用于窗体编辑，首先要保证在"开发工具"选项卡中的"设计模式"是关闭的（如果"设计模式"是活动的，就无法保护窗体）。

⑦ 保存窗体。

通常，将已设计好的窗体文档保存为模板以备后用。具体方法是选择"文件"→"另存为"命令，设置"保存类型"为文档模板，将窗体文档另存为模板文档，并保存到默认文件夹（Templates）中。

⑧ 使用窗体模板。

利用窗体模板新建文档：选择"文件"→"新建"命令，在"新建文档"界面中单击"可用模板"→"根据现有内容新建"选项，在弹出的对话框中，打开已创建的窗体模板，填写窗体域内容，保存文档即可。

3.8 综合实训

实训目的
- 复习、巩固 Word 2010 的知识技能，使学生熟练掌握字处理软件的使用技巧。
- 提高学生运用 Word 2010 的知识技能分析问题、解决问题的能力。
- 培养学生信息检索技术，提高信息加工、信息运用能力。

实训任务

任务 1：利用模板制作名片。

街头上的文印店给顾客制作名片时在印制数量上都有要求，如果用户只想做少量名片，Word 2010 是首选工具，利用它的在线模板"名片"就可以实现了。即便是初学者也能做出让人满意的名片。如图 3-8-1 和图 3-8-2 所示的名片。在制作名片时包括的主要元素有图标（Logo）、单位名称、姓名、地址、电话、传真、电子邮件等。名片中还可以加入背景图片、自选图形等等。名片的设计应该简洁大方，生动明快，突出所要介绍的信息。自选素材，参考如图 3-8-3 和图 3-8-4 所示为自己设计并制作一张名片。

图 3-8-1　名片 1　　　　　　　　　　图 3-8-2　名片 2

图 3-8-3　名片效果图（1）　　　　　　图 3-8-4　名片效果图（2）

任务 2：利用模板快速制作书法字帖。

制作书法字帖是 Word 2010 功能中的一个亮点，利用它用户可以轻松快速地制作出专业水准的书法字帖，方法如下。

① 单击"文件"→"新建"。

② 在右侧的"可用模板"中依次单击"书法字帖"→"创建"按钮（也可以直接双击"书法字帖"）。

③ 在弹出如图 3-8-5 所示的"增减字符"对话框中选择需要的字体等选项，在"可用字符"表中单击选中某个字符或用鼠标批量拖选多个字符，单击"添加"按钮，将选取字符添加到"已用字符"表中，单击"关闭"按钮。

④ 在"书法"选项卡的命令中设置字帖的相关选项，如图 3-8-6 所示。

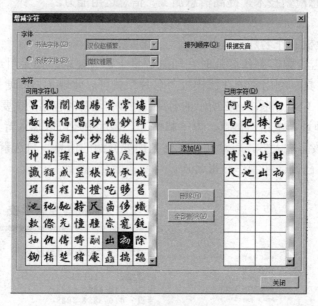

图 3-8-5 "增减字符"对话框

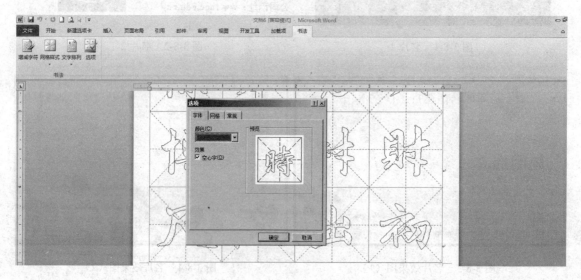

图 3-8-6 书法字帖"选项"对话框

任务 3：制作表格。

① 利用 Word 中的表格功能，完成如图 3-8-7 所示的个人简历一览表。

<table>
<tr><td colspan="7">个人简历一览表</td></tr>
<tr><td>姓名</td><td></td><td>性别</td><td></td><td>年龄</td><td></td><td rowspan="4">照片</td></tr>
<tr><td rowspan="3">地址</td><td colspan="5">通信地址：</td></tr>
<tr><td>邮政编码</td><td></td><td>电子邮件</td><td colspan="2"></td></tr>
<tr><td>电话</td><td></td><td>传真</td><td colspan="2"></td></tr>
<tr><td>应聘岗位</td><td colspan="6">□ 教学 □科研 □管理 □服务</td></tr>
<tr><td rowspan="6">所受教育程度</td><td colspan="3">时间</td><td colspan="3">学校</td></tr>
<tr><td colspan="3"></td><td colspan="3"></td></tr>
<tr><td colspan="3"></td><td colspan="3"></td></tr>
<tr><td colspan="3"></td><td colspan="3"></td></tr>
<tr><td colspan="3"></td><td colspan="3"></td></tr>
<tr><td colspan="3"></td><td colspan="3"></td></tr>
<tr><td rowspan="2">掌握外语种类以及计算机使用程度</td><td colspan="6">□英语 □日语 □俄语 □法语 □其他</td></tr>
<tr><td colspan="6">🖳计算机的一般操作 🖳具有编程能力 🖳熟悉 Oracal 数据库 🖳熟悉网页制作</td></tr>
</table>

图 3-8-7 “个人简历一览表”效果图

② 制作如图 3-8-8 所示的课程表，并把它保存为课程表模板，这样每个学期都可以利用这个模板为自己做一张课程表，把对应学期的课程、授课地点按照授课时间填入对应表格。

2009—2010 学年第 1 学期课程表

星期 节次	星期一	星期二	星期三	星期四	星期五
1-2 节					
3-4 节					
5-6 节					
7-8 节					

图 3-8-8 课程表效果图

任务 4：图文混排制作板报。

要求：参照图 3-8-9 所示的效果图，颜色和文本框的样式可以不同，尽量使用艺术字、文本框、图片等元素，制作生动美观的板报。可以有选择地使用给定素材文件夹中的素材。页面大小设置为 A4 纸，纵向。

图 3-8-9　板报效果图（1）

任务 5：自由创作板报。

要求如下：

① 页面设置为 A4 纸，横向与纵向不限。
② 主题不限，可以介绍自己的家乡、自己的校园、自己的家庭、班级等。
③ 素材自行收集，可以通过网络或通过数码照相机等自行拍摄。
④ 内容充实，积极向上。
⑤ 文字和图片内容比例适当，图文并茂，美观生动。
⑥ 可参考图 3-8-10 和图 3-8-11。

2006年3月18日　刊号：CN92-723　编辑：H200666

本期导读

A 版：
我的成长史
我的好妈妈
哦！我的学业

B 版：
我爱的文字
我爱的音乐

我的成长史

我的生日，7月23日，是大暑，一年中最热的一天。

记得我一岁生日的时候得到的第一个礼物是一个很可爱的洋娃娃，然后那个洋娃娃就一直陪伴着我，直到我离开家去上中学。放假回家时，看到它身上布满了灰，我的眼睛会有点湿。

在一年一岁的旅途中会碰到很多人、很多事，碰到了、散了，又遭遇了新的容颜。

我喜爱的朋友

喆，是我最好的朋友，我觉得她是个特别的女孩，可我也说不清她到底哪儿与众不同，总之我就是觉得她与众不同。她的笑总像水一样徐徐散开，那是我以往认识和见过的女孩所不能比拟的笑。

我们开心时会做一些很损人的恶作剧，也不管别人怎么想。看到别人中了我们的诡计后的窘样，就边笑边吹着口哨跑了，那样子活脱脱的就是两个坏孩子。现在想起来，真得有些太自私了。

雨，也是我最好的朋友，也许我真得弄不清楚"最好"到底是什么概念，总之，我心中的"最好"总有一大堆。

雨是个特豪爽的女孩，她损人的功夫特别棒。平时你可别惹她，不然你迟早会被她的唾沫给淹死。

我的好妈妈

"妈，我走了！""唉！等等！"妈妈快步走到我面前，伸出长满老茧的手，轻轻地给我理了理头发。有几缕头发很不驯服地翘着，妈妈就拿来热毛巾替我慰平整。

站在妈妈面前，这样近距离地看着妈妈，我突然发现，在我印象里妈妈一直光滑的皮肤竟变得有些粗糙，妈妈那美丽的面容竟又多添了几道皱纹，妈妈那乌黑的长发中又多了几丝银发。我的眼眶红了。

这就是我的妈妈！

哦！我的学业

步入初中后，学习任务一天天加重，几乎每月都要进行一次月考。上了初二的第一次月考，我一下子掉到了班级十几名，听人说，女孩子上了初二，成绩总会往下掉，但我不信这个邪。于是我"卧薪尝胆"，奋起直追，终于在期中考试取得好成绩。我的感言是："人是要有一点精神的。"

这就是精神的我，永远在学业上精神的我！

图 3-8-10　板报效果图（2）

我的地盘我做主

2006年3月18日　　刊号：CN92-723　　编辑：H200666

我喜爱的体育明星

都晶晶，我很喜欢她。事实上，我应该不会喜欢体育明星的，因为我的体育成绩根本不堪入目。但都晶晶是个例外。她是个很执著的人。

我始终记得在雅典奥运会的最后一跳时，她就什么也看不见了，可她还是很勇敢很努力的去跳，最后拿了冠军。这一跳足以让我记住一辈子。她不算漂亮，可她戴着橄榄枝花环的时候，我觉得她特漂亮。

很喜欢中国女排，与奥运冠军擦肩而过这么多年，她们没有放弃，她们相信自己会成功，拼搏了这么多年，她们终于办到了，当她们站在领奖台的那一刻，我真的觉得很自豪。

我爱的文字

从来都喜欢四维的文字，有点叛逆，有点颠覆，有点忧伤。他的书让我知道了一个"寒武纪"，知道了"之前或之后有个大冰期，地球变成了个美丽的冰晶球，到处是大块大块的冰，到处是飕飕的刺骨的风，所有生物都全部死亡或蛰伏"。

小四，我喜欢这么称呼他。他的文字里飘着寂寞的淡淡的白雪，带着花瓣的香味。满目的香樟树影里，立夏安静地笑。落寞的风，灌满卡宾银色的长袍。

我沉默地看着他们在"四"的文字里穿行，以一个旁观者的姿势，却清晰地感觉到痛。在释闭上眼的时候，在林岚离开的时候，在小司衣服上的污水一滴滴往下滴的时候。痛，一阵又一阵，难以抵制地冲击着我。

每个故事的背后都映出小四的影子，一半明媚一半忧伤。四在迷幻的背景中，安然呼吸。

我爱的音乐

雨清

周杰伦·符号意义

"有人说我的唱功很粗糙，又没有好的音乐设备，可这就是我想要的音乐，谁叫我是周杰伦。"多么自信的一句话，如果周杰伦的意义只是一个"不小心火了"的明星，那他的存在显然并不值得我们花费那么多的关注。问题在于，他并不仅仅是一个娱乐明星。解读他的符号意义，我们看到的是这样一个词——颠覆。

周杰伦，颠覆E时代的音乐人。颠覆、颠覆。

陈冠希·坏孩子的天空

我妈看了陈冠希的照片，眉头一皱，说，这是个坏孩子。我也看了看，是哦，的确很像的。一头向上翘的染过的头发，还戴着耳环，脖子上再来一根链子，嘴巴坏坏地笑，真不愧是"歪嘴才子"陈冠希。

不过，陈冠希还是个非常幸运的坏孩子，然后冲出了黑幕笼罩的天空，他成功了，他真的很成功。他歪着嘴坏坏地笑，给我们唱坏孩子的天空。

图 3-8-11　板报效果图（3）

任务 6：制作调查问卷。

要求如下。

① 制作如下所示的大学生调查问卷。

② 使用窗体中的文字型窗体域、复选型窗体域、下拉型窗体域，并保护窗体域。

你好，随着中国经济的不断发展，整个社会对高等学校毕业生的要求进一步扩大。近些年，我国高校大规模扩招，大学生就业市场出现了新的形势。为了更好地了解当前大学生的就业心态，以便为广大同学在求职时提供更好的参考意见。我们特别组织了这次调查，希望能够得到你们的支持与合作，本问卷不对外公开，请如实填写。

年级：09 级　　姓名：　　专业方向：机械类

1．认为现在形势如何？

□A．形势严峻，就业难；□B．形势正常；□C．形势较好，就业容易；□D．不了解

2．你对基本就业程序了解吗？

□A．是；□B．否；□C．一般

3．你认为所学专业前景如何？

□A．很有前途　□B．较有前途　□C．无所谓　□D．较无前途　□E．很无前途

4．你认为自己的专业技能如何？

□A．很好；□B．强；□C．一般；□D．较弱；E．很弱

5．你认为在就业时，什么最重要？

□A．专业；□B．学校；□C．个人能力；□D．其他

6．你愿意放弃自己的专业，选择一个能够解决就业问题的工作吗？

□A．是；□B．否；□C．不知道

7．参加工作的第一份工作，你最想做什么职业？□

8．如果专业不对口，你会选择跳槽吗？

□A．会；□B．不会；□C．不知道

9．你有选择第二专业吗？你认为重要吗？

□A．有，非常重要；□B．有，但不怎么重要；□C．没有，重要；□D．没有，不重要

10．你想过自主创业吗？（　　　）

□A．是；□B．否

11．如果是自主创业，你认为你最需要的是（　　　）

□A．资金；□B．政策支持；□C．技术；□D．其他

12．你愿意到中小城市或西部去发展吗？

□A．是；□B．否

13．你有出国深造的打算吗？

□A．是；□B．否

14．你认为你的工资应该是多少?

□A．1000 元以下；□B．1000～1500 元；□C．1500～3000 元；□D．3000 元以上

任务 7：仿照图 3-8-12 所示的样例自选素材进行图片、图表、文字的创建和编辑。

任务 8：仿照如图 3-8-13 所示样例自选素材进行图片、图表、文字的创建和编辑。

图 3-8-12 样例效果图

图 3-8-13 样例效果图

任务 9：长文档排版强化练习。

要求如下。

（1）页面设置：B5 纸；上下左右边距均为 2cm，文档网格每页 36 行，每行 38 字，要求存盘的文件名为班级+学号+姓名，如 0853101 李佳.docx。

（2）设置文档中使用的样式：

文档中的正文，采用宋体五号字，段落设置为两端对齐，左右缩进 0 字符，首行缩进 2 字符，段前 0.5 行，段后 0.5 行，单倍行距。

文档中的每一章节的大标题，采用"标题 1"样式、居中，章节中的小标题，按层次分别采用"标题 2"～"标题 3"样式（采用内置式）。

（3）将文档分节：插入分节符（下一页）封面为单独一节、目录为单独一节、正文的每一部分各自分成为一节。

（4）制作封面，参考效果如图 3-8-14 所示。

输入文字"高职示范校建设方案"：宋体、二号字、加粗、居中对齐；输入"辽宁交专示建办"、"2008 年 1 月"：宋体、三号字、加粗、居中对齐。

插入图片"封面图片"，调整大小，使其与整个页面大小一致（可以参考页面的大小，设置图片的大小），将图片的文字环绕方式设为"衬于文字下方"。再插入图片"校徽"，将"校徽"的白色区域设为透明。调整大小和位置。插入艺术字"厚德笃学实践创新"和"脚踏实地追求卓越"。文字环绕方式为"四周型环绕"。

（5）设置页眉：封面和目录不加页眉页脚，正文奇偶页的页眉不同，奇数页页眉是本章标题右对齐；偶数页页眉是"专业+班级+学号+姓名"左对齐。

（6）设置页码：封面无页码，目录页码用大写罗马数字形式。正文页码用阿拉伯数字，页码从 1 开始。奇数页码一律在页面底端的右侧，偶数页码一律在页面底端的左侧。

（7）在正文内容前插入目录，目录的格式为"正式"，目录显示级别为 3，目录独立一节。

图 3-8-14　封面效果图

第4章 Excel 2010 的使用

Excel 2010 是一款功能强大的电子表格处理软件，是 Microsoft Office 2010 的重要组件之一。通过它可以进行各种数据的处理、统计分析和辅助决策操作，其被广泛地应用于管理、统计财经、金融等众多领域。本章主要介绍 Excel 2010 的基本使用方法，包括创建工作表、工作表格式设置、公式和函数的使用、数据管理，以及图表应用等。

4.1 认识 Excel 2010

4.1.1 电子表格概述

1. 电子表格的含义

电子表格是以表格形式对数据进行组织、计算和管理，类似于财务工作中的账簿。它可以绘制各种复杂表格，也可以进行复杂的数据计算，还提供了图表、透视表等数据格式来增强数据的可视性。

Microsoft Excel 与金山 WPS 表格软件是目前较为流行的电子表格处理软件。

2. 几个重要的术语

① 工作簿。

每个 Excel 文档都是一个工作簿，每个工作簿由若干张工作表（Sheet）构成，其默认文件扩展名是".xlsx"。新建工作簿默认情况下同时打开 3 个工作表，分别为：Sheet1、Sheet2、Sheet3。

② 工作表（Sheet）。

工作表是工作簿里的一页，由单元格组成，可以存储数字、文本、图表、图片和图形等，通过工作表标签来标示。每个工作表的网格最多由 1 048 576 行（1～1 048 576）、16 384 列（A～XFD）构成。

③ 单元格。

工作表中行列交叉形成的格，是 Excel 中独立操作的最小单位，可以存储数字、文本、公式和迷你图（微型图表）等。

④ 单元格地址。

单元格地址由列坐标+行坐标（如 A3）构成，为区分不同工作表的单元格，要在地址前加上工作表名称（如 Sheet2！A3）。

⑤ 活动单元格。

正在使用的单元格（黑色粗边框）称为活动单元格。要输入、处理数据的单元格必须是活动单元格。

移动活动单元格的方法如下：
- 鼠标单击，这是最常用的方法。
- 使用"键盘方向键"将光标移到某个单元格中。
- 使用"名称框"：单击"名称框"→输入单元格地址（如 E34）→按【Enter】键确认即可。
- 【Enter】键和【Shift+Enter】组合键控制垂直方向，【Tab】键和【Shift+Tab】组合键控制水平方向。

⑥ 单元格区域。

单元格区域指由多个单元格组成的区域、或者是整行、整列等。例如，单元格区域 A3:I16 表示区域左上角 A3 单元格到区域右下角 I16 单元格之间的全部相邻单元格。

4.1.2　Excel 2010 的窗口组成

Excel 的启动和退出与 Word 相似，启动 Excel 2010 应用程序后，出现如图 4-1-1 所示的 Excel 窗口界面。

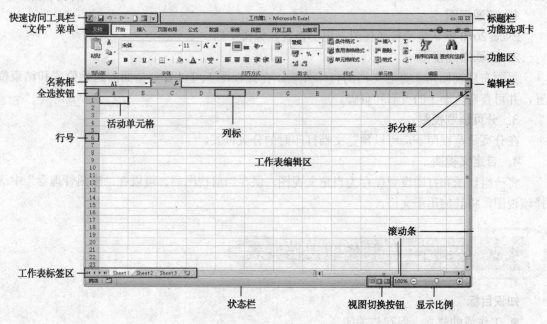

图 4-1-1　Excel 2010 窗口界面

Excel 2010 窗口组成元素与 Word 2010 应用程序窗口元素类似，其中快速访问工具栏、标题栏、"文件"菜单、功能选项卡、功能区、拆分框、滚动条的使用请参考前面章节。

下面，将介绍 Excel 特有的窗口元素。

1. 编辑栏(又称为公式栏)

显示当前活动单元格的内容,即数据会在单元格和编辑栏中同时显示。当单元格宽度不够显示单元格的全部内容时,则通常在编辑栏中编辑单元格内容。

2. 名称框

显示当前活动单元格的地址。使用"名称框"可以快速定义、选取单元格或区域。

3. 工作表标签区

工作表标签包括工作表翻页按钮和工作表标签按钮。右击"工作表标签"可以进行工作表的插入、删除、重命名、移动或复制、隐藏等操作。

4. 状态栏

位于窗口界面最下方,显示当前有关的状态信息,包括数据统计区、视图切换按钮以及页面显示比例等。其中,状态栏的"数据统计区"将显示选中单元格的平均值、计数、求和结果,右击状态栏则可以自定义状态栏,如添加其他的自动计算方式,如最大值或最小值等。

数据统计区的右侧有 3 个视图切换按钮,以黄色为底色的按钮表示当前正在使用的视图方式。Excel 2010 默认的视图方式为普通视图。

4.1.3 Excel 2010 的视图方式

Excel 2010 提供了多种视图方式以便查看和编辑电子表格,使用"视图"选项卡→"工作簿视图"组即可实现不同视图间的轻松切换。也可以在窗口界面下方单击"视图切换"按钮实现视图切换。Excel 2010 提供了 3 种常用视图方式,包括普通视图、页面布局视图和分页预览视图,还可以自定义视图和全屏显示查看文档。

1. 普通视图

Excel 2010 默认显示普通视图,用于查看和编辑文档。

2. 页面布局视图

页面布局视图用于查看文档的打印外观。在此视图下可以看到页面的起始位置和结束位置,并可查看页面上的页眉和页脚。

3. 分页预览视图

在分页预览视图下,可以预览文档打印时的分页位置。

4. 自定义视图

将一组显示和打印设置保存为自定义视图,保存当前视图后,可以在"视图管理器"中选择该视图,将其应用于文档。

4.2 案例 1——制作职工档案表

知识目标

- 工作簿的建立、保存与关闭。
- 表格的数据输入。
- 快速输入数据的方法。
- 工作表的编辑。
- 工作表的格式化。

4.2.1 案例说明

本案例将通过职工档案表的制作实例，讲述 Excel 工作表的基本应用。

职工档案表属于一般性的表格应用，不涉及数据的计算，与 Word 表格应用基本相同。两者的区别在于 Word 表格需要插入和手工绘制，而 Excel 表格是现成的，可以通过设置单元格格式美化表格、设置条件格式突出显示重要数据，同时 Excel 还提供了自动填充序列、设置数据有效性等功能来实现快速、准确地录入数据。

职工档案表案例效果如图 4-2-1 所示。

职工档案

职工编号	部门	姓名	性别	出生日期	职务	参加工作时间	职称	联系电话
0001	道桥系	刘文新	男	1954/4/17	系主任	1978/6/1	副教授	89708755
0002	道桥系	白成飞	男	1966/9/28	教师	1990/8/1	讲师	89708757
0003	道桥系	贾青青	女	1969/4/1	教师	1992/7/1	讲师	89708757
0004	机电系	马平安	男	1963/11/11	系主任	1985/7/1	教授	89708781
0005	机电系	王英伟	男	1954/2/3	教师	1982/2/1	副教授	89708779
0006	机电系	李敏新	女	1977/12/25	教师	2002/7/1	讲师	89708779
0007	机电系	赵同国	男	1963/5/4	教师	1987/1/1	讲师	89708779
0008	经管系	赵威	男	1966/1/16	系主任	1989/7/1	副教授	89708224
0009	经管系	于晓萌	女	1963/7/21	教师	1985/8/1	副教授	89708214
0010	经管系	邓锐	女	1969/10/10	教师	1993/7/1	讲师	89708214
0011	经管系	王辉	男	1981/1/11	教师	2003/7/1	助教	89708214
0012	物流系	周琳琳	女	1965/11/16	系主任	1988/7/1	副教授	89708409
0013	物流系	孙春红	女	1978/6/18	教师	2000/7/1	讲师	89708411
0014	物流系	白小康	男	1981/2/28	教师	2004/7/1	助教	89708411

职工档案表

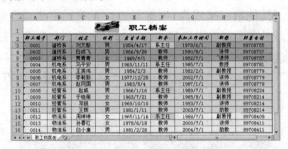

图 4-2-1 职工档案表的案例效果

4.2.2 制作步骤

1. 新建工作簿

启动 Excel 2010 后，会默认建立一个空白工作簿（工作簿 1.xlsx），此时可直接进行表格的编辑操作。

用户也可以选择“文件”→“新建”命令，在“可用模板”栏中选择“空白工作簿”，单击“创建”按钮即可新建一个空白工作簿。

“可用模板”栏中还有以下两个选项。

①“根据现有内容新建”：创建一个与现有 Excel 文件结构相似或内容相近的新文档。

②“样本模板”或“Office.com 模板”：根据模板创建新文档，用户不必设计表格结构、格式和公式，只需输入原始数据即可。

另外，单击“快速访问工具栏”下拉按钮，在弹出的下拉菜单中单击“新建”命令；或者直接使用【Ctrl+N】组合键均可创建新的工作簿。

2. 在 sheet1 工作表中输入数据

输入的表格数据如图 4-2-2 所示。

职工档案								
职工编号	部门	姓名	性别	出生日期	职务	参加工作时间	职称	联系电话
0001	道桥系	刘文新	男	1954/4/17	系主任	1978/6/1	副教授	89708755
0002	道桥系	白成飞	男	1966/9/28	教师	1990/8/1	讲师	89708757
0003	道桥系	贾青青	女	1969/4/1	教师	1992/7/1	讲师	89708757
0004	机电系	马平安	男	1963/11/11	系主任	1985/7/1	教授	89708781
0005	机电系	王英伟	男	1954/2/3	教师	1982/2/1	副教授	89708779
0006	机电系	李敏新	女	1977/12/25	教师	2002/7/1	讲师	89708779
0007	机电系	赵同国	男	1963/5/4	教师	1987/1/1	讲师	89708779
0008	经管系	赵威	男	1966/1/16	系主任	1989/7/1	副教授	89708224
0009	经管系	于晓萌	女	1963/7/21	教师	1985/8/1	副教授	89708214
0010	经管系	邓锐	女	1969/10/10	教师	1993/7/1	讲师	89708214
0011	经管系	王辉	男	1981/1/11	教师	2003/7/1	助教	89708214
0012	物流系	周琳琳	女	1965/11/16	系主任	1988/7/1	副教授	89708409
0013	物流系	孙春红	女	1978/6/18	教师	2000/7/1	讲师	89708411
0014	物流系	白小康	男	1981/2/28	教师	2004/7/1	助教	89708411

Sheet1 Sheet2 Sheet3

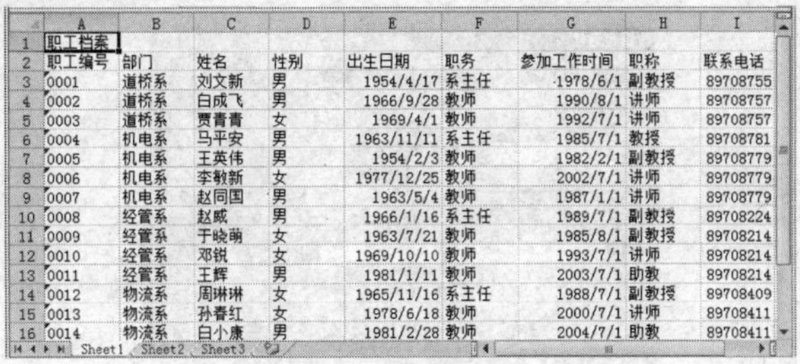

图 4-2-2 输入的表格数据

在 Excel 单元格中输入的数据可以是数值（包括日期和时间）、文本、公式和函数，还可以插入迷你图。不同格式的数据默认采用不同的对齐方式，其中文本格式数据是左对齐显示，数值格式的数据是右对齐显示。

① 确定在 Sheet1 工作表中输入数据：单击工作表标签名称 Sheet1。

② 参照图 4-2-2 所示，输入表格的标题（A1 单元格）和列标题（A2:I2 区域）：选中单元格，然后输入数据。

③ 设置"职工编号"（A3:A16 区域）数据格式为文本格式。

鼠标拖动选中 A3:A16 区域，"开始"选项卡→"数字"组→"常规"下拉列表中选择"文本"选项。注意若选择"其他数字格式"，则打开"设置单元格格式"对话框。

或者右击选中区域，在快捷菜单中选择"设置单元格格式"命令，打开"设置单元格格式"对话框，单击"数字"选项卡→"文本"选项→"确定"按钮，如图 4-2-3 所示。

也可以通过"开始"选项卡→"单元格"组→"格式"列表项，打开"设置单元格格式"对话框。

图 4-2-3 "设置单元格格式"对话框

④ 利用自动填充功能实现自动连续编号。

在单元格 A3 中输入初值 0001，然后拖动填充柄同时按【Ctrl】键向下填充。

填充柄：活动单元格右下角黑色控点，鼠标指向时指针变为细十字形。

⑤ 利用数据有效性实现"部门"、"性别"、"职务"和"职称"的选择性录入。下面以"性别"为例讲述具体实现的方法。

选中"性别"（D3:D16 区域），选择"数据"选项卡→"数据工具"组→"数据有效性"按钮，打开"数据有效性"对话框，"设置"→"允许"下拉列表框中选择"序列"→"来源"下拉列表框中输入"男,女"（逗号应为西文半角状态），如图 4-2-4 所示。

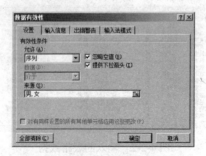

图 4-2-4 "数据有效性"对话框

⑥ 使用数字小键盘和"/"或"-"键快速输入"出生日期"和"参加工作时间"。

⑦ 设置"联系电话"的自定义数字格式以减少敲键次数,实现快速录入。

选中 I3:I16 区域→右击选中区域→快捷菜单→"设置单元格格式"→"数字"→"自定义"→在"类型"框中输入 89700000,这里 0 代表任意数字。

3. 设置表格数据的格式

效果如图 4-2-5 所示。

图 4-2-5　表格数据的格式设置

① 列标题格式。

选中 A2:I2 区域(列标题),选择"开始"选项卡→"单元格"组→"格式"→"设置单元格格式",打开"设置单元格格式"对话框。

● "对齐"选项卡:"水平对齐"和"垂直对齐"下拉列表中,选择"居中"选项。

● "字体"选项卡:字体为"华文行楷",字形为"倾斜",字号为"12 号"。

也可以利用"开始"选项卡的"字体"组和"对齐方式"组完成上述设置。

② 职工记录(A3:I16 区域)格式。

● 设置对齐方式为水平、垂直居中。

● 设置字体为"宋体",字形为"常规",字号为"11 号"。

③ 表格标题格式。

● 选中 A1:I1 区域,单击"开始"→"对齐方式"组→"合并后居中"按钮。

● 设置字体为"隶书"、字形为"加粗"、字号为"20 号"。

● 设置行高为 30:选择"开始"→"单元格"组→"格式"列表项→"行高"选项。

● 插入"汽车"剪贴画并置于标题的适当位置:"插入"→"插图"组→"剪贴画"。

④ 设置日期格式。

选中 E3:E13,G3:G16 区域按(【Ctrl】键+鼠标拖动),单击"开始"→"对齐方式"组→"合并后居中"按钮。

4. 为表格添加边框

Excel 工作表中默认的网格在表格编辑时给用户一个参考的依据,在表格预览和打印时均不能够显示出来,所以如果希望在打印时出现网格线,就要为表格设置边框。

① 选中列标题及所有记录(A2:I16 区域),右击选中区域→"设置单元格格式",打开"设置单元格格式"对话框。

② "边框"选项卡:设置线条样式为"双实线",颜色为"绿色",然后单击"外边框"按钮,如图 4-2-6 所示。再选择一种"细直线"样式,单击"内部"按钮即可设置表格的内框线。

5. 为表格添加底纹

① 选中列标题区域,"开始"→"字体"组→"填充颜色"下拉列表中选择"橙色",或者打开"设置单元格格式"对话框→"填充"选项卡→设置单元格背景色为"橙色"。

图 4-2-6 "边框"选项卡

② 为区分部门,给不同部门的记录添加不同的底纹(颜色自选)。

6. 利用条件格式突出显示"系主任"单元格

选中职务(F3:F16 单元格区域),"开始"→"样式"组→"条件格式"→"新建规则",打开"新建格式规则"对话框,选择规则类型为"只为包含以下内容的单元格设置格式",编辑规则说明为"单元格值"、"等于"、"系主任",单击"格式"按钮,设置满足条件的单元格填充"黄色"背景色,如图 4-2-7 所示。

也可以直接设置突出显示:"开始"→"样式"组→"条件格式"→"突出显示单元格规则"→"等于"→输入单元格值"系主任"→"设置为"列表中"自定义格式",设置"黄色"背景色即可。

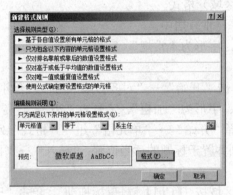

图 4-2-7 "新建格式规则"对话框

7. 冻结窗格快速浏览信息

如果记录较多、较长,列标题及行标题会逐渐移到屏幕隐藏处,这样不方便用户输入与浏览。

选择 D3 单元格,选择"视图"选项卡→"窗口"组→"冻结窗格"→"冻结拆分窗格"命令,则 D3 单元格上面的"行"和左边的"列"就被冻结了,此时,再使用滚动条浏览记录,冻结的部分就不会做任何移动了,非常适合大表格的浏览,如图 4-2-8 所示。

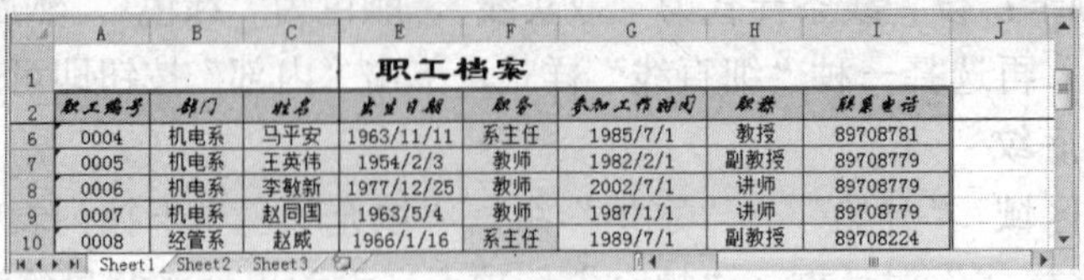

图 4-2-8 冻结窗格

8. 命名职工档案工作表

在 Excel 工作簿中，工作表默认的名称是 Sheet 1、Sheet 2、Sheet 3 等，这不利于体现其内容，通常要为工作表重命名。

鼠标右击工作表标签"Sheet 1"，在快捷菜单中选择"重命名"命令，或直接双击工作表标签，然后输入文字"职工档案"即可。

9. 打印职工档案表

根据需要，有时会将职工档案信息打印出来，在打印前需要设置相关的页面选项和打印选项。

① 设置重复标题。

如果职工档案的记录较多，一页打印不下，却希望每页都有表格标题"职工档案"和所有列标题信息，则可进行如下操作：

- 单击"页面布局"→"页面设置"组→"打印标题"按钮→"顶端标题行"选项框右侧按钮。
- 切换到 Excel 工作表后，使用鼠标在工作表中同时选中标题行和列标题行。
- 返回"页面设置"对话框后，单击"确定"按钮，如图 4-2-9 所示。

② 设置打印页面和打印预览。

- 在"页面布局"→"页面设置"组中，可以直接对"页边距"、"纸张方向"、"纸张大小"、"打印区域"等进行设置。
- 利用图 4-2-9 所示的"页面设置"对话框，可以为工作表设置页眉与页脚，设置后普通视图下的工作表并不显示出来，需要切换到"页面布局"视图。
- "打印预览"按钮，可以在打印前显示实际的打印效果，为修改提供依据。

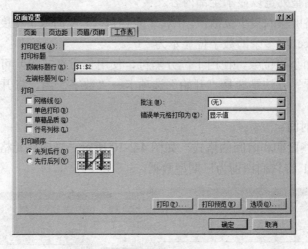

图 4-2-9 "页面设置"对话框

③ 打印"职工档案表"。

选择"文件"→"打印"命令。

10. 保存职工档案表

文件命名为"职工档案.xlsx"：单击快速访问工具栏中的"保存"按钮，或者使用"文件"菜单中的"保存"→"另存为"命令，保存类型为 Excel 工作簿（*.xlsx）。

4.2.3 相关知识点

1. 输入数字组成的文本数据

在 Excel 中，除了数值和日期型数据外，Excel 将其余输入的数据均作为文本数据，文本指当做字符串处理的数据，由字母、数字或其他字符组成。默认状态下，文本格式数据在单元格内左对齐显示。

如果要输入的文本数据全部由数字组成（如编号、邮政编码、身份证号码、电话号码等），则应在数字前加一个西文单引号"'"，以区别数值格式的数据。如编号 0002 输入时应键入'0002，否则 Excel 将自动舍去数字前面的 0，并且右对齐单元格。

或者在输入数据之前，定义单元格数据的格式为文本格式。

键入"'"方式比较适合于个别单元格数据的输入，定义单元格格式为文本较适合于单元格区域的数据输入。

2. 输入数值格式的数据

数值格式的数据可以是整数（如 123）、小数（如 12.34）、分数（如 1/2），并且可以在数值中出现数学符号，如"+"、"-"、"/"、"%"、"E"、"$"、"¥"等。在默认状态下，所有数值在单元格中均右对齐。

- 输入分数时应在分数前加"0"和一个空格。
- 带括号的数字被认为是负数。
- 如果在单元格中输入的是带千分位","的数据，而编辑栏中显示的数据没有","。
- 如果在单元格中输入的数据太长，那么单元格中显示的是"######"，可以双击列号右边框自动调整列宽以显示全部内容。
- 无论在单元格中输入多少位数值，Excel 只保留 15 位的数字精度。如果数值长度超出了 15 位，Excel 将多余的数字位显示为"0"。
- 数值格式（如小数位数、使用千位分隔符、使用货币格式等）可以在键入数据之前或之后进行设置。方法是选择"开始"选项卡→"数字"组，打开"常规"下拉列表设置即可。

3. 输入日期和时间

Excel 内置了一些日期和时间的格式，如图 4-2-10 所示。当向单元格中输入的数据与这些格式相匹配时，Excel 将它们识别为日期型数据。

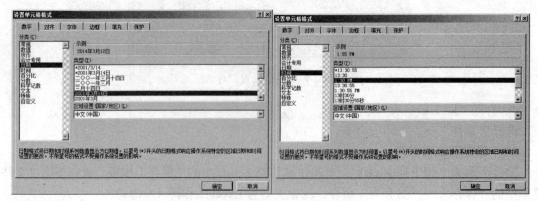

图 4-2-10 "日期"与"时间"选项

如果只用数字表示日期，可以使用分隔符（-）、或斜杠（/）来分隔年、月、日。如 2013/12/05、1-Oct-13 等。

当输入时间时，可以用 AM/PM 或者 24 小时制的时间，使用 AM/PM 方式时，时间和 AM/PM 之间必须输入空格，如 9:50 AM。

在一个单元格中允许同时输入时期和时间，但必须在它们之间输入空格。

在默认时，日期和时间项在单元格中右对齐。

Excel 可以定义需要的日期和时间格式，这样，无论用哪一种格式输入这类数据，Excel 都会自动将其用指定的格式显示，如图 4-2-11 所示。

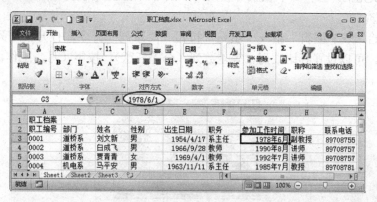

图 4-2-11　日期的输入与显示格式

如果要输入当前系统的日期，按【Ctrl+;】组合键。如果要输入当前系统的时间，按【Ctrl+Shift+;】组合键。

4. 快速输入数据的方法

（1）自动填充

在使用 Excel 输入数据之前应观察要输入数据的规律性，以确定是否可利用"自动填充"功能高效地完成数据的输入。

① 鼠标拖动填充等差数列。

● 数值型数据的填充。

选中第一个初值，直接拖动填充柄，数值不变，相当于复制。

选中第一个初值，拖动填充柄的同时按【Ctrl】键，则填充的步长为±1，即向右、向下填充数值加 1，向左、向上填充数值减 1。

选中前两项作为初值，用鼠标拖动填充柄进行填充，则填充的步长等于前两项之差，如图 4-2-12 所示。

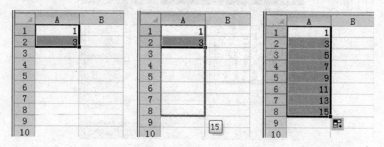

图 4-2-12　数值型数据的自动填充

还可以通过"自动填充选项"来选择填充所选单元格的方式。例如，可选择"仅填充格式"或"不带格式填充"。

● 文本型数据的填充。

不含数字串的文本串，无论填充时是否按【Ctrl】键，内容均保持不变，相当于复制。

含有数字串的文本串，直接拖动，文本串中最后一个数字串成等差数列变化，其他内容不变；按【Ctrl】键拖动，相当于复制。

● 日期型数据的填充。

直接拖动填充柄，按"日"生成等差数列；按【Ctrl】拖动填充柄，相当于复制。

② 序列填充。

选择"开始"→"编辑"组→"填充"按钮→"系列"命令，打开"序列"对话框，如图 4-2-13 所示，可以设置等比数列、等差数列（公差任意）、按年（月、工作日）变化的日期序列的填充。

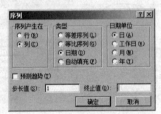

图 4-2-13 "序列"对话框

"序列"对话框参数设置如下。

● "序列产生在"：选择序列按行还是按列填充。
● "类型"：选择填充数列的类型，如果选择"日期"，还要选择步长按日、工作日、月还是年变化，如果选中"自动填充"单选按钮，效果相当于鼠标左键拖动填充。
● "预测趋势"：只对等差数列和等比数列起作用，可以预测数列的填充趋势。
● "步长值"：输入数列的步长。
● "终止值"：输入数列中最后一项值。如果预先选中了填充区域，此项可以省略。

（2）自定义序列

凡是出现在"自定义序列"列表中的序列都可以利用自动填充完成，从而实现数据的快速输入。

① 自定义序列：单击"文件"菜单→"选项"命令→"高级"→"编辑自定义列表"按钮→输入序列（按【Enter】键分隔序列条目）→"添加"按钮，如图 4-2-14 所示。

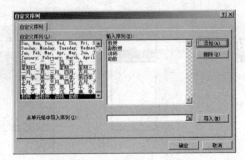

图 4-2-14 自定义序列

单击"删除"按钮可删除所选自定义序列，但不能删除内置的自定义序列。

② 从单元格中导入自定义序列：单击"从单元格中导入序列"框→选择单元格区域→"导入"按钮。

（3）多个单元格中同时输入相同数据

选择多个单元格或区域→在编辑栏中输入数据→按【Ctrl+Enter】组合键。

5. 选定单元格的技巧

① 选定连续的单元格区域：按住鼠标左键拖动所选区域，或者鼠标单击区域左上角单元格，再按住【Shift】键单击区域右下角单元格。

② 选定不连续的区域：按住【Ctrl】键时鼠标单击或拖动。

③ 选定整行（列）。

- 选定单行（列）：鼠标单击行（列）号。
- 选定多行（列）：【Ctrl】键或【Shift】键+鼠标单击/拖动行（列）号。

④ 选定整个工作表：单击工作表左上角行号与列号相交处的"全选"按钮。

⑤ 使用"名称框"快速定位。

- 区域命名：选中区域→在名称框中输入名称→按【Enter】键确认，或者选中区域→"公式"选项卡→"定义的名称"组→"定义名称"→输入名称→单击"确定"按钮。
- 快速定位：可以在名称框的下拉列表中找到所有定义的名称，单击名称即可快速选定区域。

6. 选择性粘贴

"选择性粘贴"可以对单元格中的公式、数字、格式等进行选择性复制，还可以实现单元格区域的行列转置。

选定区域→复制（按【Ctrl+C】组合键）→选择粘贴区域→"粘贴"下拉列表（"开始"选项卡→"剪贴板"组）→"选择性粘贴"，在弹出的对话框中选择所需的粘贴方式即可。

7. 查找与替换

Excel 的查找与替换功能不仅可以针对内容，还可以针对格式。

Excel 的内容查找替换功能可以使用通配符，用问号（?）代替任意单个字符，星号（*）代替任意字符串。

选择"开始"选项卡→"编辑"组→"查找和选择"→"查找"或者"替换"命令。

搜索时可以搜索单元格区域，某个工作表，多个工作表，直至整个工作簿。在默认范围是工作表的前提下，分为以下三种情况：

- 只选定一个单元格，在当前工作表内进行查找或替换。
- 选定单元格区域，则在该区域进行查找或替换。
- 选定多个工作表，则在多个工作表内查找或替换。

若范围改为工作簿则不受以上限制，在整个工作簿中查找或替换。

例如，将职工档案表中的性别"男"、"女"分别替换为"M"、"F"，结果如图 4-2-15 所示。

选中性别（D3:D16 区域）→"开始"→"编辑"组→"查找和选择"→"替换"→输入查找与替换内容→单击"全部替换"按钮。

8. 工作表背景

① 添加背景："页面布局"→"页面设置"组→"背景"→选择图片→"插入"。

② 删除背景："页面布局"→"页面设置"组→"删除背景"。

图 4-2-15 替换样例

9. 利用格式刷复制格式

① 格式的复制,即使若干个单元格都使用相同的格式。

选定单元格或区域,单(双)击"开始"选项卡→"剪贴板"组中的格式刷,鼠标单击或拖过目标单元格或区域。

② 格式的删除。

选定单元格或区域,选择"开始"→"编辑"组→"清除"下拉列表→"清除格式"命令,此时将只会清除单元格格式而保留单元格的内容或批注。

10. 清除单元格

清除单元格是删除单元格中的内容(公式和数据)、格式(包括数字格式、条件格式和边框),以及任何附加的批注等。

选择要清除内容的单元格,单击"开始"→"编辑"组→"清除"下拉列表→"全部清除",则单元格中的数据和格式被全部删除。

4.3 案例 2——制作学生成绩表

知识目标

- Excel 公式与函数应用。
- 相对引用与绝对引用。
- 行、列的插入与删除。
- 数据有效性的应用。

4.3.1 案例说明

在本例中,我们将通过一个学生成绩表的制作实例,讲述 Excel 的公式与函数应用。实例结果如图 4-3-1 所示。

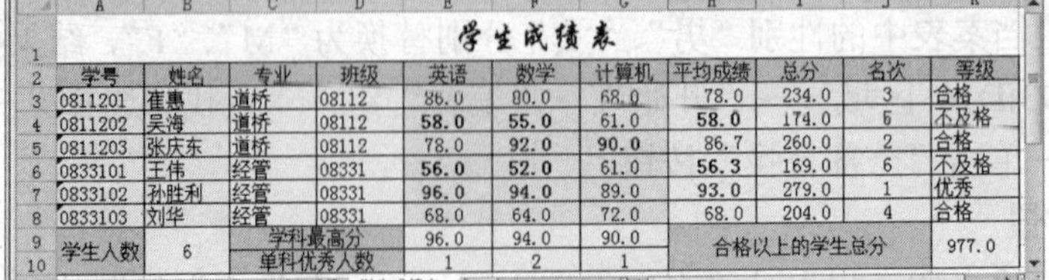

图 4-3-1 学生成绩表

数据计算是 Excel 工作表的重要功能，它能根据各种不同要求，通过公式和函数迅速计算各类数值。更重要的是，当原始数据发生变化时，Excel 会自动根据公式更新结果。

公式是对单元格中数值进行计算的等式。通过公式可以对单元格中的数值完成各类数学运算。使用公式填充数据的标志是由等号（=）开头，其后为常量、单元格引用、函数和运算符等。

函数实际上是公式的另一种表现形式。Excel 提供了大量的函数，涉及不同的工作领域，主要包括日期与时间函数、数学与三角函数、文本函数、逻辑函数、财务函数、统计函数等400 多个函数。

学生成绩表中仅仅使用了几个常用的函数（SUM，AVERAGE，RANK，IF，LEFT，COUNTA，COUNTIF，SUMIF，MAX，ROUND），想了解更多的函数，请使用有关函数的帮助。

4.3.2 制作步骤

1. 建立表结构

表结构如图 4-3-2 所示。

图 4-3-2　表结构

① 启动 Excel 2010，新建一个空白工作簿，将其保存为学生成绩.xlsx。

② 鼠标右击 Sheet1 工作表标签→"重命名"→输入工作表名称"基础数据"。也可以直接双击 Sheet1 工作表标签对其进行重命名。

③ 在 A1 单元格中输入表格标题"学生成绩表"。

④ 在单元格区域 A2:E2 中输入学生成绩表的列标题，分别是"学号"、"姓名"、"英语"、"数学"、"计算机"。

2. 数据有效性设置

通过预先设置输入数据的值域或者限定取值范围，可以有效地保证数据的正确性和有效性。Excel 提供了数据有效性校验工具，选择"数据"选项卡→"数据工具"组→"数据有效性"按钮，打开"数据有效性"对话框，如图 4-3-3 所示。

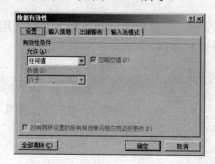

图 4-3-3　"数据有效性"对话框

可见，Excel 可以限制输入数据的数据类型（"允许"下拉列表），限定数据的输入范围（"数据"下拉列表),还可以设置数据输入的提示信息和出错警告。

在"学生成绩表"中,对输入数据进行以下限制。

● "学号":文本型,长度限制统一为7位。

● 所有学科成绩是0～100之间的小数。

"学号"数据有效性设置,如图4-3-4所示。

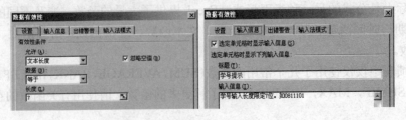

图4-3-4 "学号"数据有效性设置

选定要限定输入的单元格区域(本例学号区域为A3:A8)→"数据"选项卡→"数据工具"组→"数据有效性"按钮,打开"数据有效性"对话框。

"允许"下拉列表框中选择"文本长度","数据"下拉列表框中选择"等于","长度"文本框中输入7。

"输入信息"选项卡中可以设置数据输入时的提示信息。

"各科成绩"数据有效性设置,如图4-3-5所示。

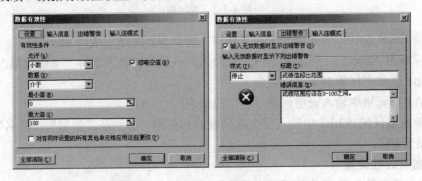

图4-3-5 "各科成绩"数据有效性设置

限制数值型数据输入范围:小数,介于0～100之间。自定义出错警告。

3. 输入基础数据

输入基础数据如图4-3-6所示,计算机成绩暂不输入,将利用VLOOKUP函数,根据计算机成绩表中数据查找并填写计算机成绩。

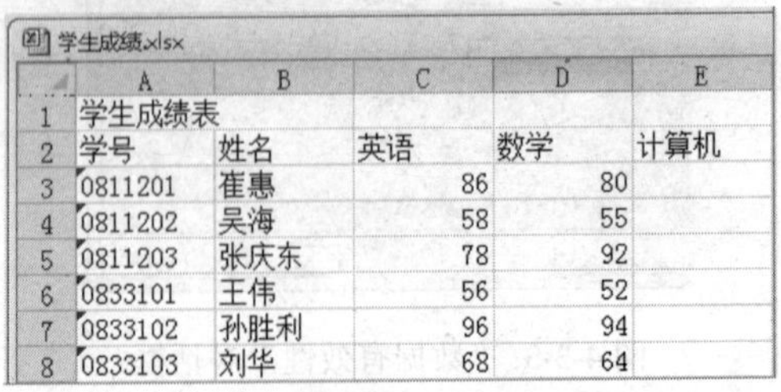

	A	B	C	D	E
1	学生成绩表				
2	学号	姓名	英语	数学	计算机
3	0811201	崔惠	86	80	
4	0811202	吴海	58	55	
5	0811203	张庆东	78	92	
6	0833101	王伟	56	52	
7	0833102	孙胜利	96	94	
8	0833103	刘华	68	64	

图4-3-6 学生成绩表基础数据

4. 修改表结构

修改表结构后的效果如图 4-3-7 所示。

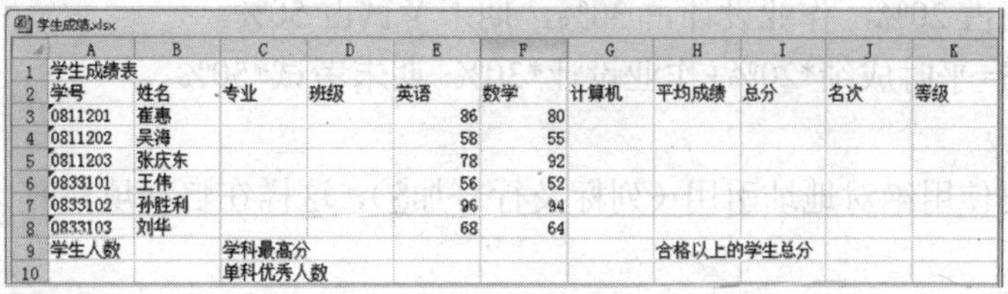

图 4-3-7 修改表结构后的效果

① 插入列：在英语列前插入 2 列，鼠标在列号上拖动选定 C、D 列→"开始"→"单元格"组→"插入"下拉列表→"插入工作表列"。

- 插入行或列："开始"→"单元格"组→"插入"下拉列表→"插入工作表行"或"插入工作表列"。插入行时，插入的行在选择行的上面；插入列时，插入的列在选择列的左侧。
- 插入单元格："开始"→"单元格"组→"插入"下拉列表→"插入单元格"。
- 删除行、列或单元格："开始"→"单元格"组→"删除"下拉列表。
- 隐藏和取消隐藏行、列："开始"→"单元格"组→"隐藏和取消隐藏"下拉列表。也可以直接使用鼠标拖动列号右框线或行号下框线来隐藏和取消隐藏行、列。

② 参照图 4-3-7 所示，输入数据。

5. 在 Sheet2 表中，输入专业代码表，并将工作表重命名为"专业代码"

效果如图 4-3-8 所示。输入专业代码时，请先设置代码区域（单元格区域 A2:A5）为文本格式，再输入代码。

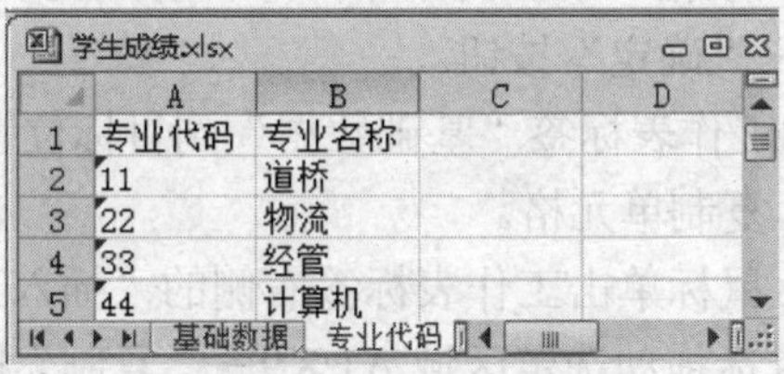

图 4-3-8 专业代码表

6. 在 Sheet3 表中，输入计算机成绩表，并将工作表重命名为"计算机成绩"

请参照效果图 4-3-9 所示，输入数据并设置单元格格式。

单元格内部换行按【Alt+Enter】组合键。

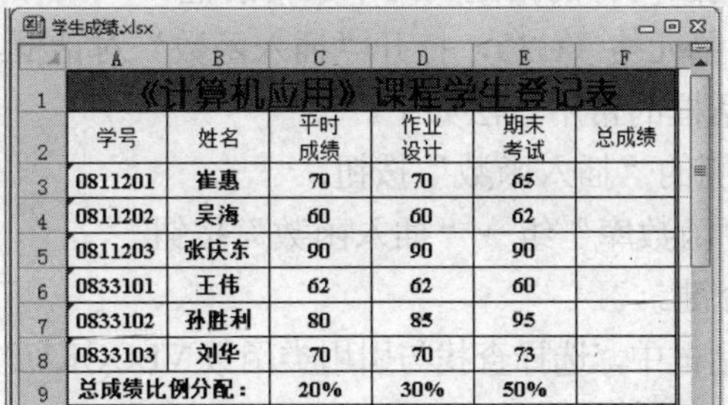

图 4-3-9 计算机成绩表

7. 计算学生计算机成绩，不保留小数位

根据表中数据显示，计算机成绩由平时成绩、作业设计和期末考试三部分组成，其比例分配分别是平时成绩占 20%，作业设计占 30%，期末考试占 50%。

即计算机成绩=平时成绩*20%+作业设计*30%+期末考试*50% 。

注意

比例分配需要使用绝对地址引用（列标及行号加$），这样在自动填充时比例分配值才不会改变。

① 选中单元格 F3，输入公式"=C3*$C$9+D3*$D$9+E3*$E$9"，单击 ✓ 按钮或按【Enter】键确认。

- 公式以"="开始，建议使用鼠标选取单元格或区域进行引用的方式输入公式。即输入公式时，若鼠标单击某个单元格，则该单元格的地址将直接出现在公式中，而不必手动输入单元格地址。
- 按【F4】键可以为选中的单元格地址快速添加"$"符号，以表示绝对地址引用。

② 成绩要求不保留小数位，因此要使用 ROUND 函数进行四舍五入。

函数说明如下。

ROUND（数值，小数位数）：将数值按指定小数位数四舍五入。

- 选中单元格 F3，在编辑栏中手动修改公式为"=ROUND(C3*$C$9+D3*$D$9+ E3*$E$9,0)"。
- 注意不能使用单元格格式设置小数位，这种方法并不真正改变数据。

③ 向下拖动 F3 单元格的填充柄复制公式，完成所有"总成绩"列单元格的填充。

8. 复制"基础数据"表，将复制结果所在的工作表命名为"学生成绩表"

方法一：复制工作表，以下两种方法均可实现工作表的复制。

- 右击工作表标签"基础数据"→快捷菜单→"移动或复制工作表"/选中"建立副本"并选择"移至最后"→"确定"按钮。
- 按住【Ctrl】键并拖动工作表标签"基础数据"到目标位置。

方法二：插入新工作表，复制单元格。

- 插入新工作表 sheet4：鼠标单击工作表标签右侧的"插入工作表"按钮即可。
- 在"基础数据"表中鼠标拖动选定区域 A1:K9→"复制"按钮→选中 sheet4 表的 A1 单元格→"粘贴"按钮。

9. 使用 VLOOKUP 函数，根据计算机成绩表中数据查找并填写计算机成绩

函数说明如下。

VLOOKUP（查找的值、查找区域、返回值的列号、查找方式）：在指定查找区域内的首列查找指定值，若找到则返回同行的指定列的单元格的值。

① 选中要输入函数的单元格（G3），打开"插入函数"对话框，如图 4-3-10 所示。

打开"插入函数"对话框的常用方法如下。

- 单击"编辑栏"左侧的"插入函数"按钮。
- "公式"选项卡→"函数库"组→"插入函数"按钮。
- 按【Shift+F3】组合键。

② 在"插入函数"对话框中，选择查找与引用类函数 VLOOKUP，设置函数参数如图 4-3-11 所示，即"=VLOOKUP(A3,计算机成绩!$A$3:$F$8,6)"。

第4章 Excel 2010的使用

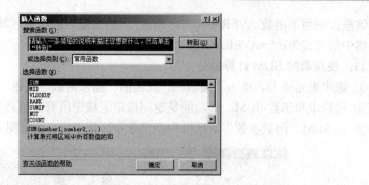

图 4-3-10 "插入函数"对话框

- 使用"公式"选项卡→"函数库"组→"查找与引用"→VLOOKUP，可以直接打开 VLOOKUP"函数参数"对话框。
- 函数作用：按学号查询计算机成绩，即在"计算机成绩"表的 A3:F8 区域的首列（学号列）中，查找 A3 学号，若找到则返回同行第 6 列单元格的值（计算机总成绩）。

③ 使用填充柄完成 G4:G8 区域的自动填充。

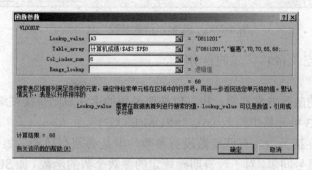

图 4-3-11 VLOOKUP"函数参数"对话框

10. 使用"自动求和"按钮计算平均成绩

选中区域 E3:H8，单击"开始"选项卡→"编辑"组（或者"公式"选项卡→"函数库"组）→"自动求和"按钮Σ·的下拉列表→"平均值"，如图 4-3-12 所示。

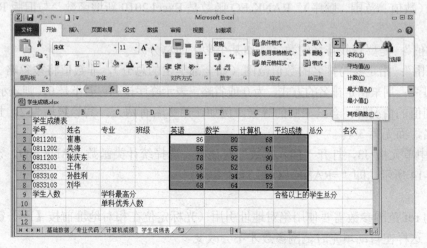

图 4-3-12 "自动求和"按钮

159

这里，应用了函数 AVERAGE（区域），其功能是返回指定区域的算术平均值。例如：H3 单元格中的公式为："=AVERAGE(E3:G3)"。

11. 使用函数 SUM 计算总分

① 选中单元格 I3，单击"编辑栏"左侧的"插入函数"按钮，打开"插入函数"对话框。
② 选择求和函数 SUM，其功能是返回指定区域中所有数值之和。
③ 在 SUM "函数参数"对话框中指定求和区域 E3:G3，如图 4-3-13 所示。

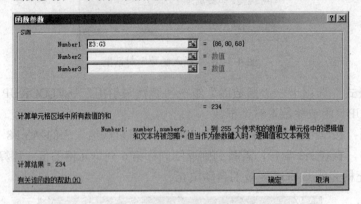

图 4-3-13　SUM "函数参数"对话框

④ 使用填充柄完成 I4:I8 区域的自动填充。

注意
- 如果对使用的函数非常熟悉，也可以按照函数的语法规则直接在编辑栏中输入。例如，可以直接在 I3 单元格中输入公式"=SUM(E3:G3)"。
- 参数必须放在括号内。有些函数没有参数，但是必须有括号。如果函数有多个参数，参数之间用逗号间隔。对于没有明确规定的参数个数的函数（如 SUM、AVERAGE 等），最多可以用 255 个参数。

12. 使用函数 RANK.EQ 统计名次

函数说明如下。
RANK.EQ（number,ref,order）：返回某数字在一列数字中相对于其他数值的大小排名，即 RANK.EQ（数值、范围、顺序）。RANK.EQ 函数是 Excel 2010 新增函数，与旧版 RANK 函数完全相同。

- "数值"：是要查找排名的数字（如某个学生的总分）。
- "范围"：指定参与排名的数值范围（如全部学生的总分），非数值将被忽略。
- "顺序"：用来指定排名的方式，为 0 或省略，表示降序排列，若不是 0，则表示升序排列。

当有同值的情况时，会给相同的等级。例如，第 2 名有两人，其等级均为 2，且下一位就变成第 4 名，而无第 3 名。

① 选中单元格 J3，打开"插入函数"对话框，选择统计类函数 RANK.EQ，设置函数参数如图 4-3-14 所示，即"=RANK.EQ(I3,$I$3:$I$8)"。

注意
这里的 ref 范围参数需要使用绝对地址引用（光标定位在相对地址前按【F4】键为列标及行号加$），这样在自动填充时范围参数才不会改变。

② 使用填充柄完成 J4:J8 区域的自动填充。

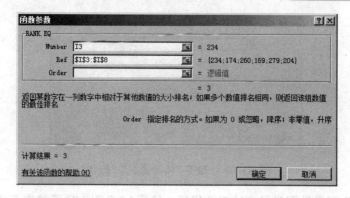

图 4-3-14　RANK.EQ "函数参数"对话框

13. 使用 IF 函数判断等级

函数说明如下。

IF（条件，值1，值2）：条件为真取值1，否则取值2。

IF 函数可以对数值和公式进行条件检测，可以嵌套 64 层。本例中 IF 函数判定条件：平均成绩>=90 为优秀，平均成绩在 60～90 之间为合格，平均成绩<60 不及格。

① 选中单元格 K3，打开"插入函数"对话框，选择逻辑类函数 IF，设置函数参数如图 4-3-15 所示，即=IF(H3>=90,"优秀",IF(H3<60,"不及格","合格"))。

② 使用填充柄完成 K4:K8 区域的自动填充。

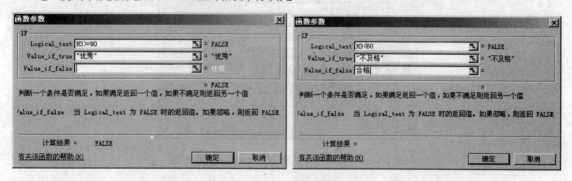

图 4-3-15　IF "函数参数"对话框

注意

设置第一个 IF 函数的第 3 个参数时，要先单击第 3 个文本框，再插入第 2 个 IF 函数，这样才能实现 IF 函数的嵌套。

14. 使用 LEFT 函数截取班级

函数说明如下。

LEFT（文本,字符个数）：从文本字符串左侧第一个字符开始返回指定个数的字符。

本例中，截取学号的前 5 个字符即为学生的班级。

① 选中单元格 D3，打开"插入函数"对话框，选择文本类函数 LEFT，设置函数参数如图 4-3-16 所示，即"=LEFT(A3,5)"。

② 使用填充柄完成 D4:D8 区域的自动填充。

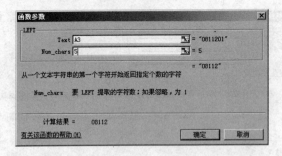

图 4-3-16　LEFT"函数参数"对话框

15. 使用 MID 函数截取学号中的专业代码，使用 VLOOKUP 函数在专业代码表中查找专业名称

函数说明如下。

MID（文本,起始位置,字符个数）：从文本字符串的指定起始位置开始返回指定字符个数的字符。

① 选中单元格 C3，打开"插入函数"对话框，选择查找与引用类函数 VLOOKUP，设置函数参数如图 4-3-17 所示，即"=VLOOKUP(MID(A3,3,2),专业代码!$A$2:$B$5,2)"。

② 使用填充柄完成 C4:C8 区域的自动填充。

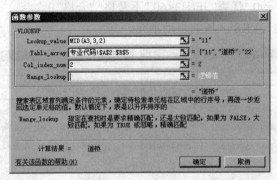

图 4-3-17　查询专业名称-VLOOKUP 函数参数

16. 统计学生人数与学科最高分

相关函数说明如下。
- COUNT（区域）：统计数值型单元格个数。
- COUNTA（区域）：统计数值型及非空单元格个数。
- MAX（区域）：求最大数。
- MIN（区域）：求最小数。

使用 COUNTA 和 MAX 函数：B9 单元格=COUNTA(B3:B8)；F9 单元格=MAX(E3:E8)。

使用 E9 单元格的填充柄完成 F9:G9 区域的自动填充。

17. 使用 COUNTIF 函数统计单科优秀的人数

函数说明如下。

COUNTIF（区域,条件）：计算区域中满足给定条件的单元格的个数。

① E10 单元格=COUNTIF(E3:E8,">=90")，如图 4-3-18 所示。

② 拖动填充柄完成 F10:G10 单元格的自动填充。

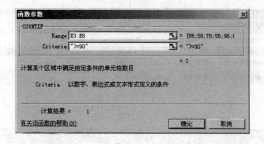

图 4-3-18 “COUNTIF 函数参数”对话框

18. 使用 SUMIF 函数计算合格以上的学生总分

函数说明如下。

SUMIF(条件区域,条件,求和区域)：在条件区域中查找满足条件的单元格，找到后对同行的求和区域中的单元格求和。

K10 单元格=SUM(I3:I8)-SUMIF(K3:K8,"不及格",I3:I8)，如图 4-3-19 所示。

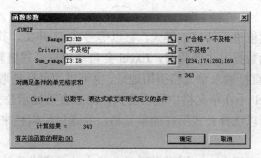

图 4-3-19 “SUMIF 函数参数”对话框

至此，完成了学生成绩表中的全部计算，如图 4-3-20 所示。

学生成绩.xlsx

	A	B	C	D	E	F	G	H	I	J	K
1	学生成绩表										
2	学号	姓名	专业	班级	英语	数学	计算机	平均成绩	总分	名次	等级
3	0811201	崔惠	道桥	08112	86	80	68	78	234	3	合格
4	0811202	吴海	道桥	08112	58	55	61	58	174	5	不及格
5	0811203	张庆东	道桥	08112	78	92	90	86.66667	260	2	合格
6	0833101	王伟	经管	08331	56	52	61	56.33333	169	6	不及格
7	0833102	孙胜利	经管	08331	96	94	89	93	279	1	优秀
8	0833103	刘华	经管	08331	68	64	72	68	204	4	合格
9	学生人数	6	学科最高分		96	94	90	合格以上的学生总分			977
10			单科优秀人数		1	2	1				

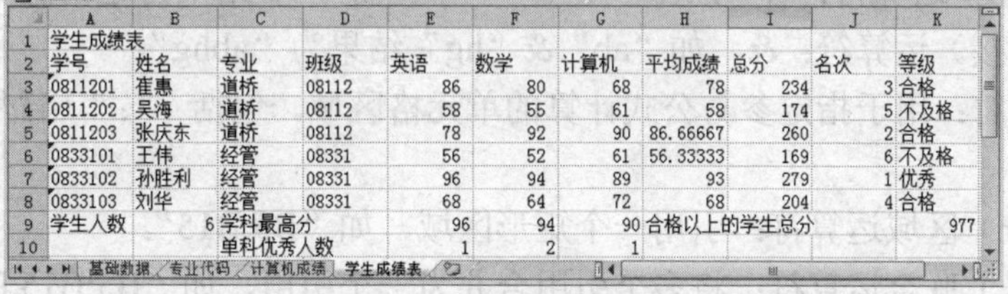

图 4-3-20 计算结果

19. 美化工作表

① 表格标题：A1:K1 区域合并居中，行高 30，华文行楷，20 号字。

② 参照效果图设置单元格的边框、底纹、对齐、小数位数以及单元格的合并。

③ 为英语、数学、计算机和平均成绩设置条件格式：60 分以下数据为蓝色、加粗显示；90 分以上数据为红色、加粗显示。

添加条件格式：选中成绩区域（E3:H8），“开始”→“样式”组→“条件格式”→“新建规则”。

管理规则：“开始”→“样式”组→“条件格式”→“管理规则”，打开“条件格式规则管理器”对话框，如图 4-3-21 所示。

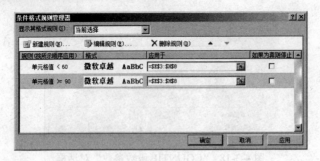

图 4-3-21 "条件格式规则管理器"对话框

20. 保存并关闭学生成绩表

完成所有工作后,保存并关闭学生成绩表。

4.3.3 相关知识点

1. 什么是公式

公式是对单元格中数值进行计算的等式,它以等号(=)开头,其后为常数、单元格引用、函数和运算符等。当原始数据发生变化时,Excel 会自动根据公式更新结果。

输入公式时,既可以直接输入单元格引用地址,也可以用鼠标选取单元格或区域进行引用。

在默认情况下,Excel 不在单元格中显示公式,而是直接显示公式的计算结果。如果希望检查单元格中的公式,可以选择公式所在的单元格,并通过编辑栏来查看公式。

2. 运算符

运算符是公式组成的元素之一。用于指明对公式中的元素进行计算的类型。在 Excel 中包含四种类型的运算符:算术运算符、关系运算符、文本运算符和引用运算符。

① 算术运算符:+、-、*、/、^(乘方)、%(百分号)。
② 关系(比较)运算符:=、<、>、>=、<=、<>(不等于)。结果为逻辑值 TRUE 或 FALSE。
③ 文本(连接)运算符:&,如 "ab" & "hg" 结果为 "abhg"。
④ 引用运算符:用于指定参与公式计算的单元格区域。包括 ":"(冒号)、","(逗号)和空格。

- ":"(冒号)区域运算符:引用一个矩形区域,如 "B5:B15"。
- ","(逗号)联合运算符:将多个引用合并为一个引用,如 "B5:B15,D5:D15"。
- 空格是交叉运算符:将两个单元格区域用一个(或多个)空格分开,就可以得到这两个区域的交叉部分。例如两个单元格区域 A1:C8 和 C6:E11,它们的相交部分可以表示为 "A1:C8 C6:E11"。

3. 三维引用

三维引用即同一工作簿,不同工作表的引用。

格式:工作表名!单元格地址。

例如:在 Sheet 2 工作表中引用 Sheet 1 工作表的 A3 单元格。

Sheet1!A3

4. 外部引用:不同工作簿的引用

格式:[工作簿名]工作表名!单元格地址。

例如:在 Book1 工作簿中引用 Book2 工作簿的 Sheet1 工作表的 A3 单元格。

[Book2]Sheet1!A3。

5. 相对引用

直接用列标和行号表示单元格。

Excel 通常使用相对引用，当公式移动或复制时，公式中的引用将被更新，并指向与当前公式位置相对应的其他单元格，即公式中的行号或列号发生相对改变。

例如：H3=E3+F3+G3，将 H3 单元格公式复制到 H4 单元格时，公式自动更新为 H4=E4+F4+G4。

6. 绝对引用

在表示单元格的列标和行号前加"$"符号。

当公式移动或复制到新位置时，公式中的单元格地址保持不变。

7. 混合引用

在表示单元格的列标或行号前加"$"符号。

如果在公式复制中有些地方需要绝对引用，而有的地方需要相对引用，那么可以使用混合引用。

复制时不希望行（列）号发生改变，就在被复制公式的行（列）号加一个美元符号（$）。

按【F4】键可以使单元格地址在相对引用、绝对引用、混合引用间反复切换。

8. 插入、删除、移动、隐藏工作表

- 插入工作表：选择"开始"→"单元格"组→"插入"下拉列表→"插入工作表"命令。
- 删除工作表：选择"开始"→"单元格"组→"删除"下拉列表→"删除工作表"命令。
- 移动工作表：鼠标直接拖动工作表标签到需要的目标位置。
- 隐藏工作表：鼠标右击工作表标签/快捷菜单→"隐藏"命令。

鼠标右击工作表标签，在快捷菜单中也可以实现工作表的插入、删除、移动或复制、重命名、取消隐藏等常用操作。

9. 圈释无效数据

数据有效性虽然可以限定单元格内输入的数据，但它对已经输入的数据是无效的。Excel 能够对已经输入的但不满足数据有效性条件的单元格添加错误标识。

例如，假设已输入"基础数据"表中的各科成绩，之后设置了各科成绩的数据有效性为取值在 0～100 之间，请找出"基础数据"表中不满足 0～100 条件的学科成绩，然后改正它。

① 选中各科成绩（C3:E8 单元格区域），选择"数据"→"数据工具"组→"数据有效性"下拉列表→"圈释无效数据"按钮，如图 4-3-22 所示。

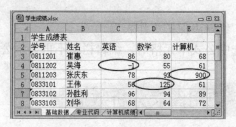

图 4-3-22　圈释无效数据

② 输入正确数据后，圈释将自动取消。

10. 为工作表添加密码

如果不希望工作表被随意查阅或修改，则给它添加打开权限密码是很有必要的。

选择"文件"→"另存为"→"工具"下拉列表→"常规选项"，在"打开权限密码"文

本框中输入密码,单击"确定"按钮后,再次重新输入密码进行确认,保存文件即可。

或者"文件"→"信息"→"保护工作簿"→"用密码进行加密",即可加密文档。

删除密码:只需重新进入设置,删除密码字符即可。

11. 局部单元格的保护

为避免人员录入基本数据时误操作统计区的公式数据,我们可以对统计区进行保护,即统计区只能由已定的公式进行自动计算,不允许人为修改,只有具备解除单元格保护密码的人员才能修改统计区。

① 选中工作表的基本数据区域(该区域允许用户修改),打开"单元格格式"对话框→"保护"选项卡→取消选中"锁定"复选框→"确定",如图 4-3-23 所示。

② "审阅"→"更改"组→"保护工作表"按钮,在"保护工作表"对话框中输入取消工作表保护密码并选中"选定未锁定的单元格"复选框,单击"确定"按钮即可,如图 4-3-24 所示。

设置保护后的工作表只允许光标定位在基本数据区,其他区域不能进行操作。解除工作表保护也很简单,只要选择"审阅"→"更改"组→"撤销工作表保护"按钮,输入撤销密码即可。

图 4-3-23 取消单元格的锁定

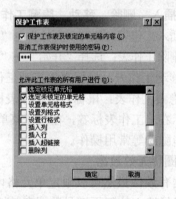
图 4-3-24 "保护工作表"对话框

12. 隐藏公式

① 选中全部公式单元格:"开始"→"编辑"组→"查找和选择"下拉列表→"公式"。

② 打开"单元格格式"对话框→"保护"选项卡→选中"隐藏"复选框→单击"确定"按钮。

③ "审阅"→"更改"组→"保护工作表"。

设置隐藏公式后,当选中公式单元格时,编辑栏将不再显示公式。

4.4 案例 3——使用图表分析数据

知识目标

- 多工作表的数据输入与计算。
- 单元格样式与套用表格格式。
- 图表类型与数据分析。

- 格式化图表。
- 图表与数据表。
- 2Y 轴图表制作。

4.4.1 案例说明

将 Excel 工作表中的数据制作成图表，可以更加直观地体现数据之间的关系。

在本例中，将基于"一季度销售"表的数据，根据下列需求制作不同类型的图表。

① 一季度每个销售员的月销售额比较。
② 一季度每月的总体销售业绩比较。
③ 一月份每个销售员的销售额占一月份总销售额的比例。
④ 每个月销售员的销售额占每月总销售额的比例。
⑤ 销售员 2009 年第一季度与最近三年总销售业绩的比较。
⑥ 销售员 2009 年与 2008 年第一季度的销售业绩比较。

4.4.2 制作步骤

1. 制作的"一季度销售"数据表

效果如图 4-4-1 所示。

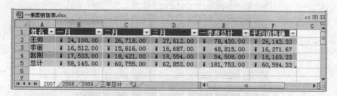

图 4-4-1　一季度销售表

① 选择"文件"→"新建"命令，新建空白工作簿。
② 分别将 Sheet1～Sheet3 工作表标签重命名为"2007、2008、2009"。
③ 选定上述三张工作表为一组工作表。
- 选择全部工作表：右击工作表标签→选择"选定全部工作表"命令。
- 选择多张不相邻的工作表：按住【Ctrl】键并单击工作表标签。
- 选择多张相邻工作表：单击第一个工作表标签，按住【Shift】键并单击最后一个工作表标签。

④ 直接在当前工作表中输入数据即可实现向多张工作表中同时输入相同数据，结果如图 4-4-2 所示。

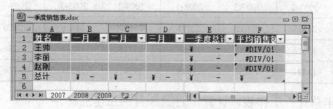

图 4-4-2　输入表格数据

- 输入文本数据（行、列标题）。

- 使用"自动求和"按钮或者应用 SUM、AVERAGE 函数计算总计和平均销售额。
- 为数值数据(B2:F5 区域)设置"会计专用"格式(保留 2 位小数):选中 B2:F5 区域/"开始"→"样式"组→"单元格样式"下拉列表→"货币"。或者打开"设置单元格格式"对话框完成设置。
- 取消工作组:单击某个工作表标签或者右击工作表标签/选择"取消组合工作表"命令。
- 为"2007"工作表设置套用表格格式"表样式中等深浅 9":选中表格区域(A1:F5 区域)→"开始"→"样式"组→"套用表格格式"下拉列表→"表样式中等深浅 9"按钮,如图 4-4-3 所示。
- 使用格式刷为 3 张工作表统一表格风格:选中"2007"工作表 A1:F5 区域→"开始"→"剪贴板"组→双击"格式刷"按钮→鼠标分别刷过"2008"和"2009"工作表的表格区域→再次单击"格式刷"按钮取消格式刷。

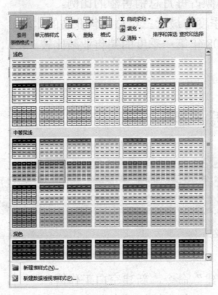

图 4-4-3 套用表格格式

⑤ 按照表 4-4-1 所示,在各工作表中输入 1 月、2 月、3 月的销售额。
- 建议使用数字小键盘完成表格基础数据的输入。
- 为各表设置自动调整列宽:单击当前工作表"全选"按钮→"开始"→"单元格"组→"格式"下拉列表→"自动调整列宽"命令。

表 4-4-1 表格基础数据

姓名	2007-1	2007-2	2007-3	2008-1	2008-2	2008-3	2009-1	2009-2	2009-3
王帅	24100	26718	27612	22478	26102	24876	22896	25617	26216
李丽	16512	15616	16687	14687	15719	14322	16236	17865	17108
赵刚	17533	18421	18554	17648	19547	18234	18726	20631	19856

⑥ 添加"三年总计"工作表,计算 1 月到 3 月的三年总计。

三年总计表中的基础数据均由公式计算完成,即 1 月到 3 月的每个单元格数据均由前 3 张表中的对应数据相加而成。

- 复制"2009"工作表,重命名为"三年总计",删除 1 月到 3 月的基础数据(注意是"清除内容",要保留单元格格式)。
- 单击"三年总计"工作表中 B2 单元格,输入"=sum()"并将光标定位在括号中,单击"2007"工作表的 B2 单元格,按住【Shift】键并单击"2009"工作表标签,"确认"即可完成计算。即'三年总计'!B2=SUM('2007:2009'!B2)。
- 使用填充柄完成其他单元格的自动填充,注意应选择"不带格式填充",以避免表格样式被改变,如图 4-4-4 所示。

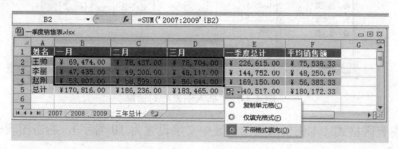

图 4-4-4　计算"三年总计"

2. 2009 年一季度不同销售员的月销售额比较

① 确定图表类型:使用直方图表(柱形图和条形图)描述数据之间的比较关系,如图 4-4-5 和图 4-4-6 所示。

② 制作簇状柱形图,如图 4-4-5 所示。

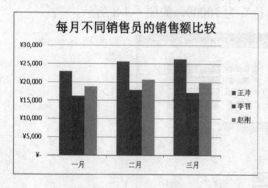

图 4-4-5　柱形图

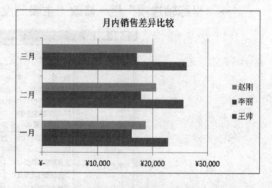

图 4-4-6　条形图

- 在"2009"工作表中,选中图表的数据源(A1:D4 区域)→"插入"选项卡→"图表"组→"柱形图"下拉列表→"簇状柱形图"或者选择"所有图表类型"命令,打开"插入图表"对话框,再选择"簇状柱形图"确定即可,如图 4-4-7 所示。
- 添加图表标题"每月不同销售员的销售额比较":选中图表→图表工具"布局"选项卡→"标签"组→"图表标题"下拉列表→"图表上方"按钮→输入图表标题。
- 去掉垂直轴的小数位:鼠标右击垂直轴→快捷菜单→"设置坐标轴格式",打开"设置坐标轴格式"对话框,在"数字"栏中修改小数位数为 0。或者利用图表工具"布局"选项卡→"坐标轴"组→"坐标轴"下拉列表→"主要纵坐标轴"→"其他主要纵坐标轴选项"命令完成修改。

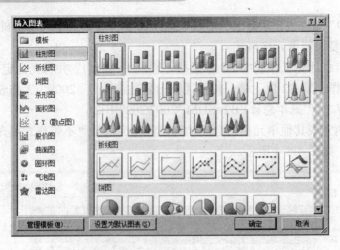

图 4-4-7 "插入图表"对话框

③ 设置图表区格式(本例要求将图表区中文字设置为 10 号字):右击图表→"图标区格式"→"字体"。

④ 同样制作条形图表,如图 4-4-6 所示。

- 选择数据源→"插入"→"图表"组→"条形图"下拉列表→"簇状条形图"。
- 添加图表标题"月内销售差异比较":图表工具"布局"选项卡→"标签"组→"图表标题"。
- 设置水平轴(销售额)的主要刻度单位:右击水平轴→快捷菜单→"设置坐标轴格式"→"坐标轴选项"栏→修改"主要刻度单位"为 10000,如图 4-4-8 所示。

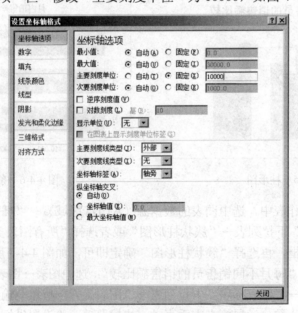

图 4-4-8 "设置坐标轴格式"对话框

- 设置水平轴显示的销售额无小数位:修改"数字"栏中的小数位数为 0。
- 设置图表区内文字为"宋体,11 号":右击图表→"字体"。

⑤ 对已有图表进行图表转置,比较每个销售员 1~3 月的销售额,如图 4-4-9 所示。

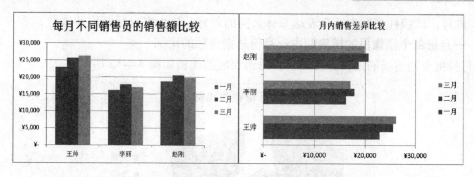

图 4-4-9 柱形图和条形图的图表转置

- 图表转置：图表工具"设计"选项卡→"数据"组→"切换行/列"按钮。或者右击图表→快捷菜单→"选择数据"，打开"选择数据源"对话框，选择"切换行/列"按钮，即按照销售人员进行分类。
- 请大家仔细体会图表转置前后的差别。

3. 一季度每月的总体销售业绩比较

① 确定图表类型：使用堆积图表描述总体之间的差异。
② 制作堆积条形图表，表达每月销售额的整体差异，如图 4-4-10 所示。

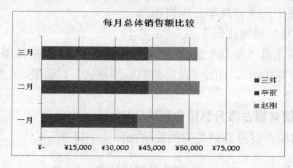

图 4-4-10 堆积条形图

- 图表数据源：A1:D4 区域。
- 图表类型：条形图中的"堆积条形图"。
- 图表标题："每月总体销售额比较"。
- 水平轴无小数位，主要刻度单位为 15000。

③ 利用图表转置，比较每个销售员的一季度总体销售业绩，如图 4-4-11 所示。

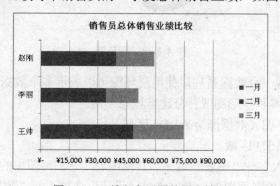

图 4-4-11 堆积条形图的图表转置

④ 同样，堆积柱形图也适合表达总体之间的差异，请大家自行制作并体会。

4. 一月份每个销售员的销售额占一月份总销售额的比例
一月份每个销售员的销售额占一月份总销售额的比例如图 4-4-12 所示。

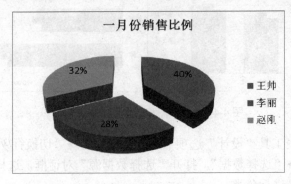

图 4-4-12　饼图

① 确定图表类型：使用饼图描述部分占整体的比例关系。
② 制作饼图。
- 图表数据源：A1:B4 区域。
- 图表类型：饼图中的"分离型三维饼图"。
- 图表标题："一月份销售比例"
- 数据标签：图表工具"布局"选项卡→"标签"组→"数据标签"→"最佳匹配"，单击"其他数据标签选项"，打开"设置数据标签格式"对话框，在标签选项栏中选中"百分比"。

5. 每月销售员的销售额占每月总销售额的比例
每月销售员的销售额占每月总销售额的比例如图 4-4-13 所示。

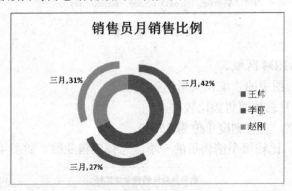

图 4-4-13　圆环图

① 饼图只适合表现一个数据系列，使用圆环图可以表示多个数据系列的部分与整体的关系，还可以使用百分比堆积柱形图或百分比堆积条形图。
② 制作分离型圆环图（数据源为 A1:D4 区域）。
- 图表数据源：A1:D4 区域。
- 图表类型："插入"→"图表"组→"其他图表"→圆环图中的"分离型圆环图"。
- 图表转置，要求姓名为图例：图表工具"设计"选项卡→"数据"组→"切换行/列"

按钮。
- 图表标题:"销售员月销售比例"。
- 为系列"三月"添加数据标签:鼠标单击选中系列"三月"(外层圆环),图表工具"布局"选项卡→"标签"组→"数据标签"→"其他数据标签选项",打开"设置数据标签格式"对话框,在标签选项栏中选中"系列名称"和"百分比"。

③ 单击选中图表中的对象(如图例、数据标志等),拖动鼠标可以改变其位置;右击或双击图表中的对象(如数据点、数据系列等),可以为选中对象设置格式(如改变颜色、字体等)。

④ 请大家自行制作:百分比堆积柱形图和百分比堆积条形图。

6. 销售员 2009 年第一季度与最近三年总销售业绩的比较

① 单击工作表标签上的"插入工作表"按钮即插入一张工作表,重命名为"2Y 图表"。

② 按照图 4-4-14 所示,输入行列标题,并为行列标题设置单元格样式,注意列标题月份(如:2008-01)可以设置为"文本"或自定义数字格式"yyyy-mm"。

图 4-4-14　制作 2Y 图表所需的数据表

③ 使用公式将"2008"、"2009"表中的"一月到三月"和"三年总计"表中的"一季度总计"数据导入到新表中,结果如图 4-4-14 所示。
- 导入"2008"表中的"一月到三月"数据:B2 ='2008'!B2。
- 导入"2009"表中的"一月到三月"数据:E2 ='2009'!B2。
- 导入"三年总计"表中的"一季度总计"数据:H2='三年总计'!E2。
- 使用填充柄完成其他单元格的自动填充。
- 注意,不能利用"复制"与"粘贴"命令来导入新表中的数据,因为这样的数据不能随原始数据的变化而变化。

④ 根据数据源(A1:A4,E1:H4)制作 2Y 图表,如图 4-4-15 所示。

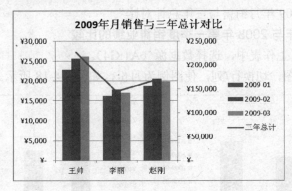

图 4-4-15　2Y 图表——2009 年第一季度月销售与三年总计对比

所谓 2Y 图表是指建立第二个数值轴的图表,把两组数据分别表示在不同的数值轴上,使数据清晰地显示在同一个图表中。
- 使用【Ctrl】键选择不相邻的单元格区域(A1:A4,E1:H4)。

- 选择"插入"→"图表"组→"柱形图"→"簇状柱形图"。
- 图表转置：图表工具"设计"→"数据"组→"切换行/列"按钮，结果如图 4-4-16 所示。

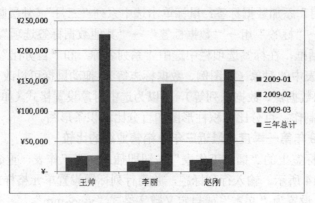

图 4-4-16　按默认设置生成的图表

- 右击"三年总计"数据系列→快捷菜单→"设置数据系列格式"→"系列选项"栏→选择系列绘制在"次坐标轴"，结果如图 4-4-17 所示。

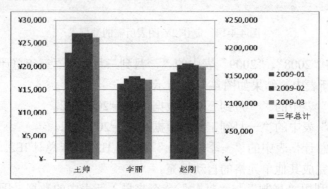

图 4-4-17　设置次坐标轴的图表

- 右击"三年总计"数据系列→快捷菜单→"更改系列图表类型"→选择"折线图"。
- 图表标题："2009 年月销售与三年总计对比"。

7．销售员 2009 年与 2008 年第一季度销售业绩的比较

① 在"2Y 图表"工作表中，选择数据源（A1:G4）。

② 插入堆积柱形图，切换行/列，使图例为月份，如图 4-4-18 所示。

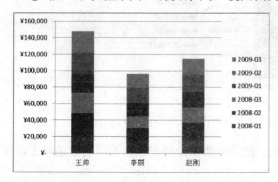

图 4-4-18　默认生成的堆积柱形图

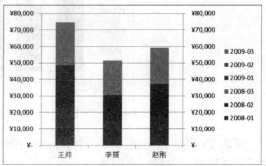

图 4-4-19　设置次坐标轴后的图表

③ 使用次坐标轴表示 2008 年数据系列，如图 4-4-19 所示。
- 右击数据系列"2008-01"→快捷菜单→"设置数据系列格式"→"系列选项"栏→选择系列绘制在"次坐标轴"上。
- 图表工具"布局"选项卡→"当前所选内容"组→下拉列表框中选择系列"2008-02"→"设置所选内容格式"→"系列选项"栏→选择系列绘制在"次坐标轴"上。
- 同样设置系列"2008-03"绘制在"次坐标轴"上。

④ 调整"2008"数据系列的分类间距，以便同时显示两组数据。
- 图表工具"布局"选项卡→"当前所选内容"组→下拉列表框中选择"2008"任意数据系列（如系列"2008-01"）→"设置所选内容格式"→"系列选项"栏→设置分类间距为 500%。

⑤ 添加图表标题"2008 年与 2009 年销售业绩对比"。
⑥ 设置数据系列的纹理填充（右击数据系列→"设置数据系列格式"→"填充"栏→"图片或纹理填充"），制作完成的 2Y 图表如图 4-4-20 所示。

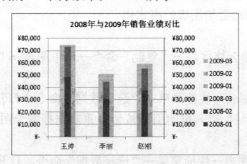

图 4-4-20　2Y 图表—2008 年与 2009 年销售业绩对比

8. 保存工作簿

完成上述工作后，保存工作簿即可。

4.4.3　相关知识点

1. 图表的组成

图表主要由图表区、绘图区、标题、数据系列、坐标轴、图例和模拟运算表等组成。打开 Excel 2010 的一个图表，在图表中移动鼠标，在不同的区域停留时会显示鼠标所在区域的名称。

① 图表区。

整个图表以及图表中的数据称为图表区。选中图表后，将显示"图表工具"选项卡，其中包含"设计"、"布局"和"格式"3 个选项卡。

② 绘图区。

绘图区主要显示数据表中的数据，数据随着工作表中数据的改变而自动更新。

③ 标题。

标题包括图表标题和坐标轴标题，是文本类型，默认为居中对齐，可以通过单击标题来进行重新编辑。有些图表类型（如雷达图）虽然有坐标轴，但不能显示坐标轴标题。

④ 数据系列。

数据系列来自数据表的行和列，由在图表中绘制的相关数据点构成。可以使用数据标签来快速标识图表中的数据,在数据标签中可以显示系列名称、类别名称、值和百分比等。

⑤ 坐标轴。

坐标轴是界定图表绘图区的线条,用做度量的参照框架。Y 轴通常为垂直坐标轴并包含数据,X 轴通常为水平坐标轴并包含分类。坐标轴都标有刻度值,默认的情况下,Excel 会自动确定图表中坐标轴的刻度值,但也可以自定义刻度,以满足使用需要。当在图表中绘制的数值涵盖范围非常大时,还可以将垂直坐标轴改为对数刻度。

⑥ 图例。

图例用方框表示,用于标示图表中的数据系列所指定的颜色或图案。创建图表后,图例以默认的颜色来显示图表中的数据系列。

⑦ 模拟运算表。

模拟运算表是反映图表中源数据的表格,默认情况下图表一般不显示模拟运算表。可以通过设置来显示模拟运算表,方法是:图表工具"布局"选项卡→"标签"组→"模拟运算表"→"显示模拟运算表"。

2. 增加、删除图表的内容与图表的格式化

① 添加图表内容。

- 方法 1:选中所需单元格区域→"复制"命令→选中图表→"粘贴"命令,即可将数据加入到图表中。
- 方法 2:鼠标右击图表→快捷菜单→"选择数据"命令,打开"选择数据源"对话框,单击"图表数据区域"输入框的引用按钮,重新选择整个图表的数据源,此方法也可用来删除系列。
- 方法 3:鼠标右击图表→快捷菜单→"选择数据"命令,打开"选择数据源"对话框,单击"添加"按钮,在"编辑数据系列"对话框中,分别单击"系列名称"和"系列值"输入框的引用按钮,用鼠标在工作表中选择相应的单元格区域,单击"确定"按钮。
- 方法 4:扩展选取框。单击图表,此时数据源所在的单元格区域边框被高亮为蓝色,移动鼠标指向边框的四个角的控制点中的一个,当指针变为斜向双箭头时,拖动鼠标,重新选取区域,此方法也可以用来删除系列。

② 删除图表中的内容。

对于图表中不需要的显示内容,可以将其删除。方法是:删除图表中的某一对象,只要选中该对象按【Delete】键即可。如果要删除整个图表,用鼠标选中图表,按【Delete】键即可。

③ 右击图表的不同对象,可以对这些对象进行格式化设置。

3. 添加趋势线

如果想要查看 Excel 图表某一系列数据的变化趋势,可以为图表中的数据系列添加趋势线。方法是:在图表中右击某个数据系列→快捷菜单→"添加趋势线",打开"设置趋势线格式"对话框,完成相应设置即可。

4.5 案例 4——销售清单

知识目标

- 创建数据清单。

- 数据的排序与筛选。
- 分类汇总。
- 数据透视表。

4.5.1　案例说明

在本例中，将基于“商品销售清单”中的数据学习使用 Excel 的数据管理功能：包括如何创建数据清单、根据数据清单对数据进行排序、筛选、分类汇总以及建立数据透视表等操作。

“数据清单”是工作表中包含一组相关数据的一系列数据行，且第一行一定是列标题（列标题使用的字体，对齐方式、格式、图案、边框和大小样式，应当与数据清单中的其他数据的格式相区别）。数据清单在 Excel 中被看做一个数据库，即数据清单的列是数据库中的字段，数据清单的行是数据库中的记录。数据清单中不能有空白的行或列，不包含表格标题，要尽量避免对单元格的合并，否则合并单元格必须分组大小一致。

每张工作表避免使用多个数据清单，一张工作表最好只有一个数据清单；工作表中的数据清单与其他数据间至少留出一个空行和空列。对于数据清单中记录和字段的增加、删减等操作，可以参照单元格的基本操作方法。

4.5.2　制作步骤

1. 建立数据清单

① 启动 Excel 2010，新建一个空白工作簿，将其保存为商品销售清单.xlsx。

② 鼠标右击 Sheet1 工作表标签→“重命名”→输入工作表名称“数据清单”。

③ 从文本文件导入数据，或使用“记录单”工具，或直接输入数据，创建数据清单，并设置第一行的列标题为加粗、居中对齐、填充黄色底纹，如图 4-5-1 所示。

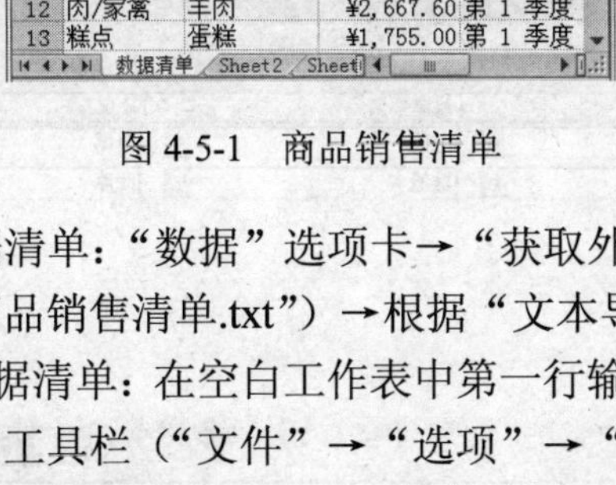

	A	B	C	D
1	类别	商品名称	销售额	季度
2	饮料	可乐	¥25,127.36	第 1 季度
3	乳制品	奶酪	¥9,116.80	第 1 季度
4	谷类/麦片	燕麦	¥6,931.20	第 1 季度
5	肉/家禽	猪肉	¥5,710.08	第 1 季度
6	糕点	桂花糕	¥5,079.60	第 1 季度
7	乳制品	酸奶	¥4,454.80	第 1 季度
8	调味品	醋	¥3,202.87	第 1 季度
9	谷类/麦片	小米	¥2,912.70	第 1 季度
10	饮料	果汁	¥2,720.80	第 1 季度
11	调味品	盐	¥2,679.00	第 1 季度
12	肉/家禽	羊肉	¥2,667.60	第 1 季度
13	糕点	蛋糕	¥1,755.00	第 1 季度

图 4-5-1　商品销售清单

- 将文本文件导入到数据清单：“数据”选项卡→“获取外部数据”组→“自文本”→选取数据源（本例为“商品销售清单.txt”）→根据“文本导入向导”完成导入。
- 使用“记录单”创建数据清单：在空白工作表中第一行输入列标题（字段名），添加“记录单”工具到快速访问工具栏（“文件”→“选项”→“快速访问工具栏”→“不在功能区中的命令”中找到“记录单”工具→“添加”到“快速访问工具栏”），单击“记录单”工具按钮，使用记录单输入数据，如图 4-5-2 所示。本方法适用于大型数据清单，使用“记录单”可以方便地修改、查询、增加或删除记录。

- 直接输入数据创建数据清单。

图 4-5-2 "记录单"工具

2. 数据排序

所谓排序,是指数据清单中的记录顺序跟随关键字排序的结果发生了变化,但记录信息本身并不改变。

排序的基本方式有升序和降序两种,但空白单元格无论升序、降序总是排在最后。

Excel 排序的三种方法:简单排序、多重排序和自定义排序。

要希望排序的数据还能恢复到原始的输入顺序,可以在排序前为数据清单增加一个"序号"列,输入连续的序号即可。

复制"数据清单"工作表,将复制生成的"数据清单(2)"工作表重命名为"排序",我们将在"排序"工作表的数据清单中完成以下三种排序操作。

① 按类别(升序)简单排序。

按照某一列数据排序称为简单排序。

鼠标单击"类别"列的任意单元格,再单击"开始"选项卡→"编辑"组→"排序和筛选"→"升序"按钮即可。也可以使用"数据"选项卡→"排序和筛选"组→"升序"按钮。

② 按类别(升序)、销售额(降序)进行多重排序。

- 选定参与排序的数据区域:鼠标单击数据清单中的任意单元格即表示对整个数据清单排序;也可以只对当前选定的区域排序。
- 单击"数据"选项卡→"排序和筛选"组→"排序"按钮,按要求设置主、次关键字,"排序"对话框如图 4-5-3 所示。

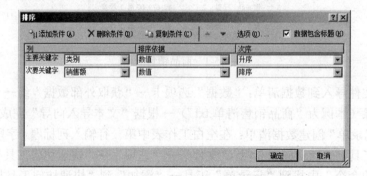

图 4-5-3 "排序"对话框

③ 按"类别"的自定义序列排序。

- 添加自定义序列:"文件"→"选项"命令→"高级"→"编辑自定义列表"按钮→输入序列(休闲食品、糖果、糕点、饼干、饮料、乳制品、肉/家禽、海鲜、谷类/麦片、调味品,按【Enter】键分隔序列条目)→"添加"→单击"确定"按钮。
- 选取数据清单中的任一单元格→"数据"选项卡→"排序和筛选"组→"排序"按钮。
- 在"排序"对话框中,设置主关键字"类别"、次序"自定义序列",选择添加的自定义序列,单击"确定"按钮即可。

3. 使用"筛选"查询第 1 季度的销售额在 5000~10000 元之间的商品

复制"数据清单"工作表,将复制生成的"数据清单(2)"工作表重命名为"筛选",我们将在"筛选"工作表的数据清单中进行"筛选"查询,其结果如图 4-5-4 所示。

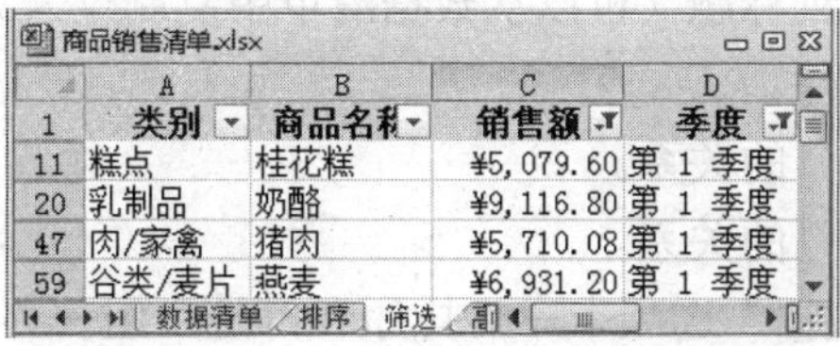

图 4-5-4 筛选结果

数据筛选可以把数据清单中所有不满足条件的记录暂时隐藏起来,只显示满足条件的记录。因此利用数据筛选可以方便地查找符合条件的数据,一般有筛选和高级筛选两种。

① 单击数据清单的任意一个单元格→"数据"选项卡→"排序和筛选"组→"筛选"按钮,则所有列标题旁显示出下拉箭头。

② 单击"季度"列箭头,在列筛选器中仅选中"第 1 季度"。

③ 单击"销售额"列箭头,在列筛选器中选择"数字筛选"→"自定义筛选"命令,按要求设置筛选条件(大于或等于 5000、与、小于 10000),如图 4-5-5 所示。

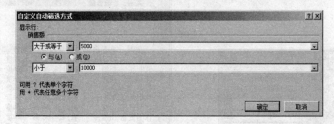

图 4-5-5 "自定义自动筛选方式"对话框

对多字段进行筛选时,总是在前一个字段的筛选结果上进行下一个字段的筛选。
- 清除当前数据范围的筛选和排序状态:"数据"选项卡→"排序和筛选"组→"清除"按钮。
- 如果要取消筛选,再次选择"数据"选项卡→"排序和筛选"组→"筛选"按钮即可。

4. 使用"高级筛选"查询休闲食品类别中销售额大于 1000 元的商品记录,以及第 1 季度中销售额在 5000~10000 元的商品记录

筛选是单独设置各列的条件,即列与列之间是"与"的关系且同列上最多两个条件。而高级筛选则用于更复杂的情况,可以显示满足指定条件区域的数据。

复制"数据清单"工作表,将复制生成的"数据清单(2)"工作表重命名为"高级筛选",将对"高级筛选"工作表的数据清单进行"高级筛选"查询。

使用高级筛选,需要定义三个单元格区域:数据区域、条件区域、筛选结果区域。

① 设置条件区域：在单元格区域 F1:I3 中输入筛选条件，如图 4-5-6 所示。

图 4-5-6 "高级筛选"的条件区域

- 选择工作表的空白区域设置筛选条件，条件区域与数据清单之间要留有一个空行或空列。
- 条件区域的第一行是列标题（可以从数据清单中复制过来），列标题下方是设置的筛选条件，可以有多行条件。
- 同一行的条件是"与"的关系。
- 不同行的条件是"或"的关系。

② 单击数据清单→"数据"选项卡→"排序和筛选"组→"高级"按钮，打开"高级筛选"对话框，分别设置"列表区域"、"条件区域"，选择显示结果的"方式"，单击"确定"按钮。

本例"高级筛选"对话框的设置如图 4-5-7 所示，筛选结果如图 4-5-8 所示。

- 设置"列表区域"，可输入或选择列表区域（如果之前激活数据清单中任意一个单元格，则默认的区域即是列表区域）。
- 设置"方式"，有两个单选按钮供用户选择，本例选中"将筛选结果复制到其他位置"单选按钮，在"复制到"框中选取 F6 单元格。

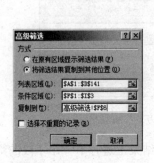

图 4-5-7 "高级筛选"对话框

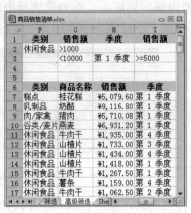

图 4-5-8 高级筛选结果

5. 使用"分类汇总"功能比较不同类别商品的总体销售情况

分类汇总是按某个字段汇总有关数据。所以汇总之前一定要先按分类字段排序，再选择汇总方式和汇总列进行汇总，生成局部汇总数据和总计数据。

Excel 提供的数据"汇总方式"提供了求和、计数、平均值、方差、及最大和最小值等用于汇总的函数。

复制"数据清单"工作表，将复制生成的"数据清单（2）"工作表重命名为"分类汇总"，将对"分类汇总"工作表的数据清单进行"分类汇总"统计。

① 在"分类字段"栏中将数据清单进行多重排序：排序关键字依次为"类别"、"商品名称"、"季度"。

② 单击数据清单→"数据"选项卡→"分级显示"组→"分类汇总"命令，如图 4-5-9 所示设置"分类汇总"对话框，汇总结果如图 4-5-10 所示。

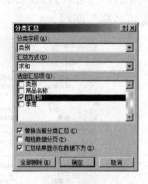

图 4-5-9 "分类汇总"对话框　　　　图 4-5-10 分类汇总结果

可见，分类汇总的结果是在原数据清单中插入的，如果希望显示不同汇总样式，可以单击窗口左侧的分级显示区的展开（"＋"）和折叠（"－"）按钮，或用鼠标在分级显示区上方的"1"、"2"、"3"按钮间切换。

如果要取消分类汇总，在"分类汇总"对话框中单击"全部删除"按钮即可。

6. 使用"数据透视表"

使用"数据透视表"分别统计 1～4 季度的每个类别商品的销售额，每个类别不同商品的销售额。

所谓数据透视表就是从不同角度对源数据进行排列和汇总而得到的数据清单，是"分类汇总"的延伸，一般的分类汇总只能针对一个字段进行分类汇总，而数据透视表可以按多个字段进行分类汇总，生成适应各种用途的分类汇总表格，并且汇总前不用预先排序。利用数据透视表工具可以方便地改变源数据表的布局结构。

① 在"数据清单"工作表中，单击数据清单→"插入"选项卡→"表格"组→"数据透视表"按钮，打开"创建数据透视表"对话框。

② 在"创建数据透视表"对话框中，选择一个表或区域作为要分析的数据（默认位置为数据清单的有效范围），然后选择放置数据透视表的位置，这里选中"新工作表"单选按钮，单击"确定"关闭对话框，如图 4-5-11 所示。

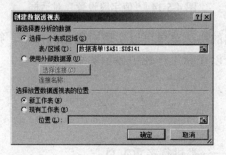

图 4-5-11 "创建数据透视表"对话框

③ 将新工作表重命名为"数据透视表",在这里设置数据的显示方式。

例如,在右边小窗口"数据透视表字段列表"中,将"季度"拖放到"报表筛选"中、"类别"拖放到"行标签"中、"销售额"拖放到"数值"中,这样就将每个类别的商品销售总额统计出来了,如图 4-5-12 所示。

④ 如果需要进一步查看每类商品的汇总明细,只要在"数据透视表字段列表"中将"商品名称"拖放到"行标签"中就可以了,结果如图 4-5-13 所示。也可以直接双击类别(如"休闲食品"),在弹出的"显示明细数据"对话框中选择"商品名称"即可。

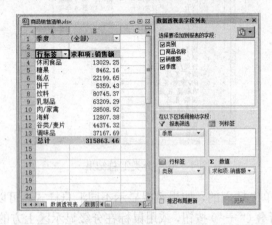 

图 4-5-12　数据透视表字段列表与数据透视表样例　　　图 4-5-13　每类商品汇总明细

⑤ 单击行、列标签右侧的下拉箭头可以对显示的内容进行筛选或排序。
⑥ 编辑数据透视表的常用方法。
- 在"数据透视表字段列表"中,拖动字段名可以改变数据透视表的布局。
- 鼠标双击值字段名(如求和项:销售额),可以打开"值字段设置"对话框修改值汇总方式,如图 4-5-14 所示。

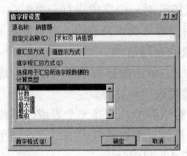

图 4-5-14　"值字段设置"对话框

- 右击数据部分,弹出的快捷菜单可以实现对数据的排序、筛选等操作。
- 双击数据部分,则可以在新工作表中显示明细数据。

4.5.3　相关知识点

1. 多重分类汇总

多重分类汇总是指对同一分类进行多重汇总。

例如，在商品销售数据清单中分别汇总每个类别商品的总销售额和平均销售额，结果如图4-5-15所示。

具体步骤如下：

① 按"类别"字段排序。

② 第一次分类汇总，汇总方式为"求和"。

③ 第二次分类汇总，汇总方式为"平均值"，取消选中"替换当前分类汇总"复选框。

2. 嵌套分类汇总

嵌套分类汇总是指在一个已有的分类汇总表中再进行另一种分类汇总，两个分类汇总的分类字段不同。

例如，统计不同类别商品的总销售额，以及每种商品的总销售额，结果如图4-5-16所示。

具体操作步骤如下：

① 多重排序：主关键字"类别"，次关键字"商品名称"。

② 第一次分类汇总：分类字段"类别"，汇总方式"求和"。

③ 第二次分类汇总：分类字段"商品名称"，汇总方式"求和"，取消选中"替换当前分类汇总"复选框。

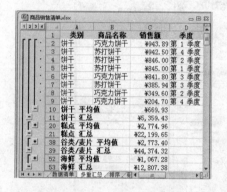

图4-5-15　多重分类汇总

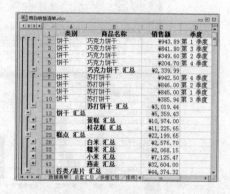

图4-5-16　嵌套分类汇总

3. 筛选式分类汇总

筛选分类汇总是指先利用筛选提取满足条件的记录，再通过汇总函数得到需要的汇总结果。

例如，计算不同类别商品在第一季度的总销售额，结果如图4-5-17所示。

具体操作步骤如下：

① 设置筛选："数据"选项卡→"排序和筛选"组→"筛选"按钮，筛选查询"第一季度"的商品信息。

② 在筛选结果中，鼠标单击"销售额"列数据下方单元格（存放汇总结果），选择"公式"选项卡→"函数库"组→"求和"按钮，此时公式显示分类汇总函数SUBTOTAL。

③ 改变筛选条件（如类别为"休闲食品"），可以查看相应的分类汇总。

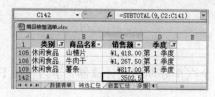

图4-5-17　筛选式分类汇总

4. 数据透视图

数据透视图既具有数据透视表的交互性，也有图表的直观性。数据透视图与数据透视表基于相同的源数据，因此，如果其中一个改变，则另一个也随之改变。

创建数据透视图如下：

① 在"数据清单"工作表中，单击数据清单→"插入"选项卡→"表格"组→"数据透视表"下拉列表→"数据透视图"按钮，打开"创建数据透视表及数据透视图"对话框。

② 在"创建数据透视表及数据透视图"对话框中，选择一个表或区域作为要分析的数据（默认位置为数据清单的有效范围），然后选择放置数据透视表及数据透视图的位置，这里选择"新工作表"，单击"确定"按钮关闭对话框。

③ 将新工作表重命名为"数据透视图"，在这里设置数据及图表的显示方式。

例如，在"数据透视表字段列表"中，将"季度"拖放到"轴字段（分类）"，"类别"拖放到"图例字段"，"销售额"拖放到"数值"。在"选择要添加到报表的字段"栏中单击"类别"字段右侧箭头，设置类别字段筛选（仅显示"休闲食品"、"糖果"、"糕点"、"饼干"四类商品），则建立的数据透视表与数据透视图如图 4-5-18 所示。

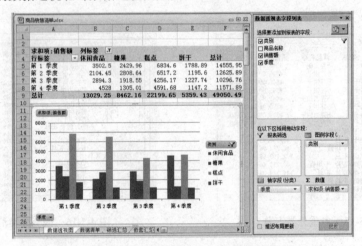

图 4-5-18　数据透视表与数据透视图及字段列表

4.6　案例 5——制作汽车分期付款计算器

知识目标

- 窗体控件应用。
- INDEX 函数应用。
- PMT 函数应用。

4.6.1　案例说明

在本例中，将通过制作一个汽车分期付款计算器，学习使用 Excel 的窗体控件、INDEX 函数和 PMT 函数。

案例效果如图 4-6-1 所示。

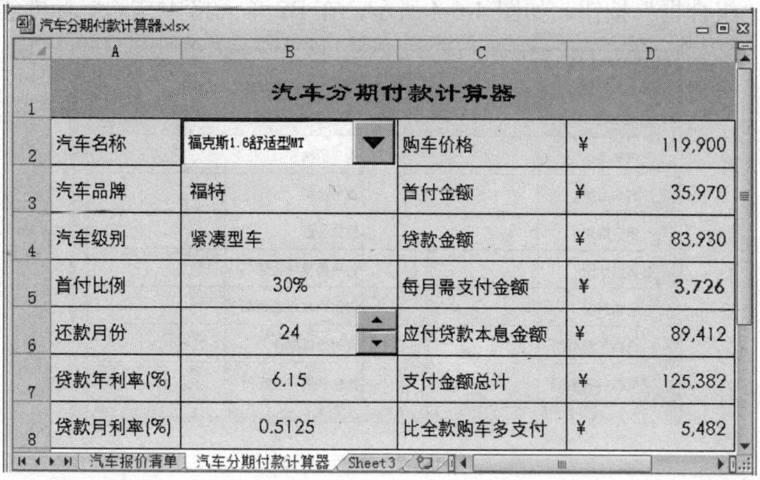

汽车分期付款计算器.xlsx

	A	B	C	D
1	汽车分期付款计算器			
2	汽车名称	福克斯1.6舒适型MT	购车价格	¥ 119,900
3	汽车品牌	福特	首付金额	¥ 35,970
4	汽车级别	紧凑型车	贷款金额	¥ 83,930
5	首付比例	30%	每月需支付金额	¥ 3,726
6	还款月份	24	应付贷款本息金额	¥ 89,412
7	贷款年利率(%)	6.15	支付金额总计	¥ 125,382
8	贷款月利率(%)	0.5125	比全款购车多支付	¥ 5,482

汽车报价清单 汽车分期付款计算器 Sheet3

图 4-6-1　汽车分期付款计算器

4.6.2　制作步骤

1. 在 Sheet1 表中，导入基础数据，并将工作表重命名为“汽车报价清单”

① 启动 Excel 2010，新建一个空白工作簿，将其保存为汽车分期付款计算器.xlsx。

② 双击工作表标签 Sheet1，将其重命名为“汽车报价清单”。

③“数据”选项卡→“获取外部数据”组→“自文本”→选取数据源（本例为“汽车报价清单.txt”），根据“文本导入向导”完成导入，结果如图 4-6-2 所示。

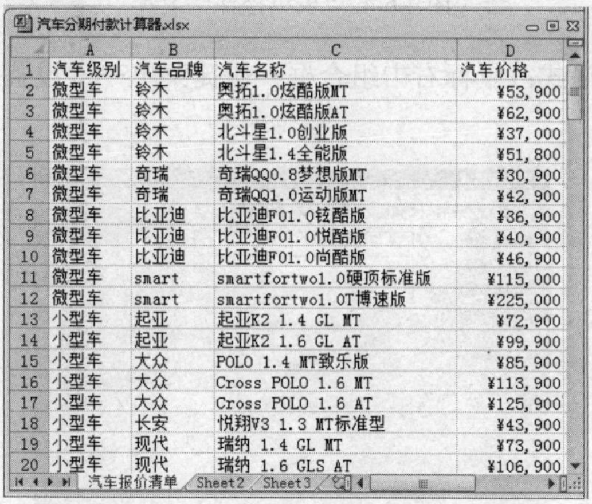

汽车分期付款计算器.xlsx

	A	B	C	D
1	汽车级别	汽车品牌	汽车名称	汽车价格
2	微型车	铃木	奥拓1.0炫酷版MT	¥53,900
3	微型车	铃木	奥拓1.0炫酷版AT	¥62,900
4	微型车	铃木	北斗星1.0创业版	¥37,000
5	微型车	铃木	北斗星1.4全能版	¥51,800
6	微型车	奇瑞	奇瑞QQ0.8梦想版MT	¥30,900
7	微型车	奇瑞	奇瑞QQ1.0运动版MT	¥42,900
8	微型车	比亚迪	比亚迪F01.0铉酷版	¥36,900
9	微型车	比亚迪	比亚迪F01.0悦酷版	¥40,900
10	微型车	比亚迪	比亚迪F01.0尚酷版	¥46,900
11	微型车	smart	smartfortwo1.0硬顶标准版	¥115,000
12	微型车	smart	smartfortwo1.0T博速版	¥225,000
13	小型车	起亚	起亚K2 1.4 GL MT	¥72,900
14	小型车	起亚	起亚K2 1.6 GL AT	¥99,900
15	小型车	大众	POLO 1.4 MT致乐版	¥85,900
16	小型车	大众	Cross POLO 1.6 MT	¥113,900
17	小型车	大众	Cross POLO 1.6 AT	¥125,900
18	小型车	长安	悦翔V3 1.3 MT标准型	¥43,900
19	小型车	现代	瑞纳 1.4 GL MT	¥73,900
20	小型车	现代	瑞纳 1.6 GLS AT	¥106,900

汽车报价清单 Sheet2 Sheet3

图 4-6-2　汽车报价清单

2. 将工作表命名

在 Sheet2 表中，界面设计如图 4-6-3 所示，并将工作表重命名为“汽车分期付款计算器”。

3. 在 B2 单元格中，添加组合框表单控件，选择汽车名称

① 在功能区添加“开发工具”选项卡：“文件”菜单→“选项”→“自定义功能区”栏→主选项卡选中“开发工具”→“确定”即可。

② 插入"组合框"表单控件:"开发工具"选项卡→"控件"组→"插入"按钮,单击"表单控件"中的"组合框"按钮,如图 4-6-4 所示,在 B2 单元格中拖动鼠标创建组合框。

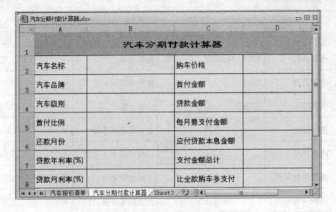

图 4-6-3 界面设计

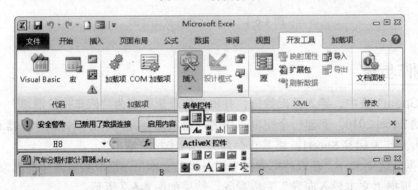

图 4-6-4 "表单控件"工具

③ 设置组合框控件格式:鼠标右击组合框→快捷菜单→"设置控件格式"→"控制"选项卡,如图 4-6-5 所示。

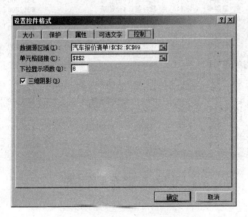

图 4-6-5 "控制"选项卡

● 设置数据源区域:单击"数据源区域"下拉列表,选取"汽车报价清单"工作表中的 C2:C69。
● 设置单元格链接:单击"单元格链接"下拉列表框,选择单元格 E2。该单元格将返回控件当前位置的数值，通常结合 index 函数查询与其相关的数据信息。
- "下拉显示项数"文本框中，键入 8。此条目决定在必须使用滚动条查看其他项目之前显示的项目数。
- "三维阴影"复选框是可选的；使用它可使组合框具有三维外观。

4. 使用 index 函数，根据汽车名称自动查询汽车品牌、汽车级别和购车价格

函数说明如下。

INDEX(array, row_num, [column_num])：返回数组中指定的单元格或单元格数组的数值。
- array 为单元格区域或数组常数。
- row_num 为数组中某行的行序号，函数从该行返回数值。
- column_num 是数组中某列的列序号，函数从该列返回数值，可选。

① 查询汽车品牌：选中单元格 B3，单击"公式"选项卡→"函数库"组→"查找与引用"下拉列表→选择函数"INDEX"，设置函数参数如图 4-6-6 所示，即"=INDEX(汽车报价清单!B2:B69,E2)"。

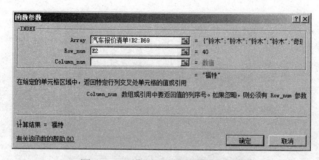

图 4-6-6　设置 INDEX 函数参数

② 查询汽车级别：方法同上，选中单元格 B4，插入函数 INDEX 并设置函数参数，即"=INDEX(汽车报价清单!A3:A69,E2)"。

③ 查询购车价格：方法同上，选中单元格 D2，插入函数 INDEX 并设置函数参数，即"=INDEX(汽车报价清单!D2:D69,E2)"。

④ 为了美观，可以将 E2 单元格隐藏，方法是鼠标右击 E 列标签，选择"隐藏"命令。

5. 在 B5 单元格中设置数据有效性，要求首付比例仅限指定序列：20%～60%

① 设置首付比例：选中单元格 B5，单击"数据"选项卡→"数据工具"组→"数据有效性"按钮，打开"数据有效性"对话框。

② 数据有效性条件：允许"序列"，来源输入"20%,30%,40%,50%,60%"，注意来源项目之间用英文逗号间隔，如图 4-6-7 所示。

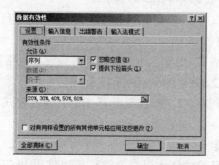

图 4-6-7　首付比例数据有效性设置

6. **根据首付比例，计算首付金额和贷款金额**
①首付金额=购车价格*首付比例，在单元格 D3 中输入公式"=D2*B5"。
②贷款金额=购车价格-首付金额，在单元格 D4 中输入公式"=D2-D3"。
7. 在 B6 单元格中，添加"数值调节钮"表单控件，选择还款月份，并设置数据有效性为限定还款月份在 5 年内
① 设置数据有效性（限定贷款期数为 1-60，即要求 5 年内完成还款）。
● 选中单元格 B6，单击"数据"选项卡→"数据工具"组→"数据有效性"按钮，打开"数据有效性"对话框。
● 数据有效性条件：允许"整数"，介于"1~60"。
② 插入"数值调节钮"表单控件："开发工具"选项卡→"控件"组→"插入"按钮，单击"表单控件"中的"数值调节钮"按钮，在 B6 单元格右侧拖动鼠标创建"数值调节钮"。
③ 右击"数值调节钮"→快捷菜单→"设置控件格式"→"控制"选项卡，设置如图 4-6-8 所示。

图 4-6-8 设置数值调节钮控件格式

● 以一个月为一期，目前贷款购车期限最长不超过 60 期（5 年）。
● "当前值"，输入 24（设定默认贷款年限 2 年）。设置数值调节钮的初始化值。
● "最小值"，输入 1。设置数值调节钮的最小值。
● "最大值"，输入 60（贷款年限不能超过 5 年）。设置数值调节钮的最大值。
● "步长"，输入 1。设置数值调节钮当前值的增量。单击数值调节钮中的向上或向下控件，数值调节钮当前值将按此值变化。
● "单元格链接"，在指定单元格中显示数值调节钮当前值（本例为 B6 单元格）。
④ 为避免数值调节钮遮挡住 B6 单元格中的数值，请设置 B6 单元格格式为居中显示。
8. **根据还款月份，计算贷款年利率和月利率**
目前银行贷款利率：6 个月以内（含 6 个月）：5.6%，6 个月至 1 年（含 1 年）：6.0%，1 至 3 年（含 3 年）：6.15%，3 至 5 年（含 5 年）：6.40%。
① 贷款年利率：在单元格 B7 中输入下列公式，并设置单元格格式为居中显示、2 位小数位。
=IF(B6<=6,5.6,IF(B6<=12,6.0,IF(B6<=36,6.15,6.4)))
② 贷款月利率=贷款年利率/12，即在单元格 B8 中输入公式"=B7/12"，并设置单元格格式为显示 4 位小数位。
9. **计算每月需支付金额**
汽车销售商一般采用每月等额还本付息办法，可以使用 PMT 函数计算月还款。

函数说明如下。

PMT(Rate,Nper,Pv,[Fv],[Type])：基于固定利率及等额分期付款方式，返回贷款的每期付款额（包括本金和利息）。

- Rate：贷款利率，因本例中是计算月还款额，所以此项参数应为贷款月利率，注意还要考虑利率通常采用百分号表示，因此需要除以100转换成小数形式。
- Nper：还款期数。
- Pv：贷款金额。
- Fv，Type 均可省略。

① 计算月还款：选中单元格 D5，单击"公式"选项卡→"函数库"组→"财务"下拉列表→选择函数"PMT"，设置函数参数如图 4-6-9 所示，即"=-PMT(B8/100,B6,D4)"。因 PMT 函数返回负值，所以公式中添加一个负号。

图 4-6-9　函数 PMT 参数设置

② 为使每月还款额比较醒目，可以设置单元格文字为红色加粗。

10. 计算应付贷款本息金额、支付金额总计和比全款购车多支付

① 应付贷款本息金额=每月需支付金额*还款月份，在单元格 D6 中输入公式"=D5*B6"。
② 支付金额总计=首付金额+应付贷款本息金额，在单元格 D7 中输入公式"=D3+D6"。
③ 比全款购车多支付=支付金额总计-购车价格，在单元格 D8 中输入公式"=D7-D2"。

11. 计算结果格式设置

① 为所有金额添加会计专用格式：选中 D2:D8 区域，选择"开始"选项卡→"数字"组→"常规"下拉列表→"其他数字格式"，打开"设置单元格格式"对话框，设置"会计专用"、小数位数为 0，货币符号为人民币符号"￥"，如图 4-6-10 所示。

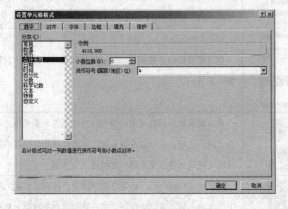

图 4-6-10　设置会计专用格式

② 设置所有金额右对齐，其他数字居中对齐。

12. 保存并关闭 Excel 应用程序

设置完成后，保存工作簿，关闭 Excel 应用程序。

4.6.3 相关知识点

1. 表单控件

在工作表中，使用表单控件可以轻松引用单元格数据并与其进行交互。Excel 2010 提供了 9 种常用表单控件，允许放置到工作表内。

9 种常用表单控件的示例与说明如表 4-6-1 所示。

表 4-6-1 常用表单控件

控件名称	示 例	说 明
标签	标签 电话 住宅 公司 电邮	用于表示单元格或文本框的用途，或显示说明性文本（如标题、题注、图片）或简要说明
分组框	您的年龄： ○ 20 岁以下 ○ 21 至 40 岁 ● 41 至 60 岁 ○ 61 岁以上	用于将相关控件划分到具有可选标签的矩形框中。通常情况下，选项按钮、复选框或紧密相关的内容会划分到一组
按钮	计算 检查信用	用于运行在用户单击它时执行相应操作的宏。按钮又称为下压按钮
复选框	告知我： □ 欧洲 ☑ 远东 ☑ 南美 □ 北美 ☑ 非洲 □ 俄罗斯	用于启用或禁用一个选项的值。 复选框具有以下三种状态：选中（启用）、清除（禁用）或混合（即同时具有启用状态和禁用状态，如多项选择）
选项按钮	付款： ○ 核对所附帐单 ● 稍后给我寄账单	用于从一组有限的互斥选项中选择一个选项，通常包含在分组框或结构中。选项按钮又称为单选按钮
列表框	选择口味： 巧克力 草莓 香草 山核桃 花生酱、奶油和果酱组合 奶油软糖 薄荷	用于显示用户可从中进行选择的、含有一个或多个文本项的列表。 三种类型：单选列表框只能选中一个选项；复选列表框可以选中多个选项；扩展列表框允许使用【Ctrl】、【Shift】键选中多个选项
组合框	选择口味： 山核桃 ▼ 巧克力 草莓 香草 花生酱、奶油和果酱组合 奶油软糖 利桃 薄荷	单击组合框向下箭头可以显示项目列表，从列表中只能选择一个项目，用户也可以键入条目
滚动条	利率：6.90% ◀ ▬▬▬ ▶ 滚动可调整利率	单击滚动箭头或拖动滚动块可以滚动浏览一系列值。通过单击滚动块与任一滚动箭头之间的区域，也可以在每页值之间进行移动（预设的间隔）。通常情况下，用户可以在关联单元格或文本框中直接键入文本值
数值调节钮	年龄： 8 ⬚	用于增大或减小值，如某个数字增量、时间或日期。单击向上箭头增大值，单击向下箭头减小值。通常情况下，用户还可以在关联单元格或文本框中直接键入文本值

2. Excel 投资计算函数

Excel 提供了许多财务函数，这些函数大体上可分为四类：投资计算函数、折旧计算函数、偿还率计算函数、债券及其他金融函数。这些函数为财务分析提供了极大的便利。利用这些函数，可以进行一般的财务计算，如确定贷款的支付额、投资的未来值或净现值，以及债券或息票的价值等。表 4-6-2 给出了贷款和投资函数名称和功能。

表 4-6-2　投资计算函数

函数名称	函数功能
EFFECT	计算实际年利息率
FV	计算投资的未来值
FVSCHEDULE	计算原始本金经一系列复利率计算之后的未来值
IPMT	计算某投资在给定期间内的支付利息
NOMINAL	计算名义年利率
NPER	计算投资的周期数
NPV	在已知定期现金流量和贴现率的条件下计算某项投资的净现值
PMT	计算某项年金每期支付金额
PPMT	计算某项投资在给定期间里应支付的本金金额
PV	计算某项投资的净现值
XIRR	计算某一组不定期现金流量的内部报酬率
XNPV	计算某一组不定期现金流量的净现值

4.7　综合实训

实训目的

① 复习、巩固 Excel 2010 的知识技能，使学生熟练掌握 Excel 电子表格的使用技巧。
② 提高学生运用 Excel 2010 的知识技能分析问题、解决问题的能力。
③ 培养学生信息检索技术，提高信息加工、信息利用能力。

实训任务

任务 1：制作支出证明单，如图 4-7-1 所示。

图 4-7-1　支出证明单

要求如下。

① 表格格式设计要求与样例相同，不显示网格线（"视图"选项卡→"显示"组/取消"网

格线”)，整张工作表填充灰色背景（“全选”所有单元格→“设置单元格格式”→设置“填充”背景色）。

② 日期要求自动输入填表当日日期（使用 TODAY()或 NOW()函数）。

③ 金额填入要求限定在 1 万元以下（含 1 万元），超过金额限定请给出错误提示（设置数据有效性）。

④ 大写金额应根据小写金额自动给出对应的中文大写数字（“设置单元格格式”→“数字”→“特殊”）。

任务 2：制作小学 20 以内数加法口算自动评分表，如图 4-7-2 所示。

20以内数加法口算（10题）							选择性粘贴应用	
题号	算		式		结果	判断	加数1	加数2
1	3	+	7	=	10	对	3	7
2	14	+	20	=	24	错	14	20
3	12	+	11	=	13	错	12	11
4	18	+	3	=	21	对	18	3
5	4	+	3	=	7	对	4	3
6	20	+	3	=	23	对	20	3
7	5	+	20	=	25	对	5	20
8	10	+	10	=	20	对	10	10
9	3	+	11	=	14	对	3	11
10	7	+	16	=	23	对	7	16
正确	8 题，			成绩	80			
评语		良，加把劲！						

图 4-7-2　两位数加法口算自动评分表

要求如下。

① 表格格式设计和显示效果要求与样例相同。

② 使用随机函数 RANDBETWEEN(1,20)产生任意 20 以内数作为算式中的两个加数（提示：可以使用“选择性粘贴”功能将公式结果转换为数值复制到算式中，再将加数所在列隐藏）。

③ 利用 IF 函数判断对错（提示：=IF(G4=C4+E4,"对","错")）。

④ 设置条件格式，错题设置为“红色”、“加粗”显示。

⑤ 使用 COUNTIF 函数统计正确题数，计算成绩。

⑥ 使用 IF 函数根据不同成绩给出对应评语。评语为“90～100：优，祝贺你！；80～90：良，加把劲！；60～80：中，努力吧！；0～60：差，请继续练习！”。

任务 3：使用函数和公式计算并填写下列表格中的“折扣价格、货运费用、七月份费用”，如图 4-7-3 所示。

利用函数和公式填写表格

商品折扣计算

	折扣比例	0.8
产品	售价	折扣价格
3G手机	￥3,100.00	￥2,480.00
液晶电视	￥4,520.00	￥3,616.00
净水机	￥2,800.00	￥2,240.00

配送公司收费表

交货方式	配送公司	货运费用
普通	申通快递	￥10.00
加急	顺丰快递	￥15.00
平邮	中国邮政	￥2.00
EMS	中国邮政	￥30.00

订单明细表

订单	总价	交货方式	货运费用
A001	￥300.0	普通	￥10.00
A002	￥50.0	加急	￥15.00
A003	￥200.0	平邮	￥2.00
A004	￥40.0	普通	￥10.00
A005	￥800.0	EMS	￥30.00
A006	￥1,200.0	加急	￥15.00
A007	￥500.0	平邮	￥2.00

七月份费用明细

日期	费用科目	说明	金额
7月5日	午餐费	加班	￥600
7月6日	文具费	记事本×10	￥250
7月9日	书报费		￥380
7月12日	午餐费	加班	￥780
7月12日	招待费		￥600
7月15日	文具费	文件夹×20	￥800
7月20日	书报费		￥350
7月26日	午餐费	加班	￥900
7月28日	交通费	出差	￥1,000

七月份费用

费用科目	金额
文具费	￥1,050
交通费	￥1,000
书报费	￥730
午餐费	￥2,280
招待费	￥600

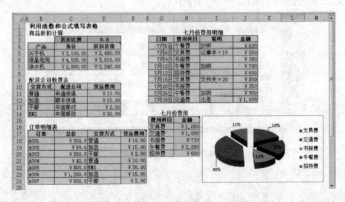

图 4-7-3　使用函数和公式计算

要求如下。

① 表格格式设计和显示效果要求与样例相同。

② 使用公式计算“折扣价格”（折扣价格=售价*折扣比例）。

③ 设置数据有效性完成“订单明细表”中“交货方式”的选择性输入。

④ 使用 VLOOKUP 函数计算“货运费用”（提示：=VLOOKUP(D18,$B$11:$D$14,3,FALSE)）。

⑤ 使用 SUMIF 函数计算“七月份费用”，并利用分离型三维饼图反映出各项费用在七月份总支出费用中的所占比例。（提示：=SUMIF($H$4:$H$12,G16,$J$4:$J$12)）。

任务 4：根据图 4-7-4 所示的表格数据完成下列操作，结果如图 4-7-5 所示。

	A	B	C	D	E	F	G	H	I	J	K
1											
2	考号	年级	姓名	语文	数学	物理	化学	英语	体育	总分	平均分
3	1060053	初一	钱梅宝	74	26	87	89	44	56		
4	1060054	初二	曾国芸	95	83	68	30	86	72		
5	1060055	初二	罗劲松	78	60	73	26	72	84		
6	1060056	初三	徐　飞	62	47	67	67	54	83		
7	1060057	初一	张平光	81	52	83	75	98	48		
8	1060059	初一	张　宇	73	21	82	66	31	78		
9	1060060	初二	赵国辉	73	56	53	69	61	67		
10	1060061	初三	沈　迪	96	64	59	45	96	56		

图 4-7-4 月考成绩表数据

	A	B	C	D	E	F	G	H	I	J	K
1						月考成绩表					
2	考号	姓名	年级	语文	数学	物理	化学	英语	体育	总分	平均分
3	**1060057**	**张平光**	**初一**	**81**	**52**	**83**	**75**	**98**	**48**	**437.0**	**72.8**
4	1060053	钱梅宝	初一	74	26	87	89	44	56	376.0	62.7
5	1060059	张　宇	初一	73	21	82	66	31	78	351.0	58.5
6			**初一 汇总**	228	99	252	230	173	182	1164.0	194.0
7	**1060054**	**曾国芸**	**初二**	**95**	**83**	**68**	**30**	**86**	**72**	**434.0**	**72.3**
8	1060055	罗劲松	初二	78	60	73	26	72	84	393.0	65.5
9	1060060	赵国辉	初二	73	56	53	69	61	67	379.0	63.2
10			**初二 汇总**	246	199	194	125	219	223	1206.0	201.0
11	**1060058**	**郭峰**	**初三**	**97**	**94**	**89**	**90**	**86**	**80**	**536.0**	**89.3**
12	1060061	沈　迪	初三	96	64	59	45	96	56	416.0	69.3
13	1060056	徐　飞	初三	62	47	67	67	54	83	380.0	63.3
14			**初三 汇总**	255	205	215	202	236	219	1332.0	222.0
15			**总计**	729	503	661	557	628	624	3702.0	617.0
16											
17	数学	英语									
18	>=60	>=60									
19											
20	考号	姓名	年级	语文	数学	物理	化学	英语	体育	总分	平均分
21	1060054	曾国芸	初二	95	83	68	30	86	72	434.0	72.3
22	1060055	罗劲松	初二	78	60	73	26	72	84	393.0	65.5
23	1060058	郭峰	初三	97	94	89	90	86	80	536.0	89.3
24	1060061	沈　迪	初三	96	64	59	45	96	56	416.0	69.3

图 4-7-5 月考成绩表样例

要求如下。

① 插入一条记录，数据为“1060058，初三，郭峰，97，94，89，90，86，80”。

② 将年级列和姓名列互换（按住【Shift】键并拖动选中区域边框）。

③ 添加表格标题“月考成绩表”，设置工作表名称为“月考成绩”。

④ 计算总分和平均分，保留 1 位小数。

⑤ 将各科成绩按年级排序（自定义序列：初一、初二、初三），同年级学生按总分从高到低排列。

⑥ 将每个年级总分最高的学生信息用红色字体表示。

⑦ 筛选出数学及英语均在 60 分以上的学生成绩，结果显示在该表的下方。

⑧ 将各科成绩按年级分类汇总。

任务 5：制作销售进度统计图表，如图 4-7-6 所示。

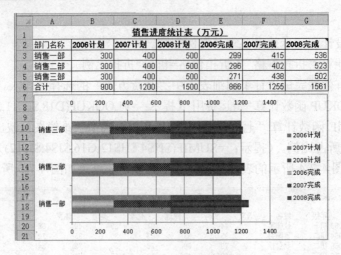

图 4-7-6 销售进度统计图表

要求如下。
① 计算表中"合计"项，添加标题"销售进度统计表（万元）"，并设置表格格式。
② 根据区域 A3:G6 的数据，运用图表处理的转置、类型与 2Y 轴功能生成进度图表。

第 5 章

PowerPoint 2010 的使用

PowerPoint 2010（简称 PPT）是 Microsoft Office 2010 的重要组件之一，它专门用于设计和制作信息展示领域的电子演示文稿（幻灯片），广泛应用于各种会议、产品展示、广告宣传以及电子教学等方面。

5.1 认识 PowerPoint 2010

5.1.1 演示文稿概述

1. 演示文稿的含义

利用 PowerPoint 制作的一个"演示文稿"就是一个演示文件，文件的扩展名为.pptx。

一个演示文稿是由若干张"幻灯片"组成的。制作一个演示文稿的过程实际上就是依次制作一张张幻灯片的过程。

演示文稿中每一张幻灯片是由若干个"对象"组成的，对象是幻灯片重要的组成元素。

在幻灯片中可以放置哪些对象？可以是文字、图形、图表、组织结构图、表格、声音、视频等。可以选择对象，修改对象的内容或大小，移动、复制或删除对象；还可以改变对象的属性，如颜色、阴影、边框等。所以，制作一张幻灯片实际上就是制作其中的每一个对象元素。

2. 演示文稿的制作过程

利用 PowerPoint 制作演示文稿，一般有以下几个步骤。

（1）准备素材

确立主题，并围绕主题准备演示文稿中所需要的文本、图片、声音、动画等资料。

（2）确立方案

规划和设计演示文稿的整个构架。

（3）内容制作

向新建的空白演示文稿中添加各种包括文字、图片、声音、视频等在内的多媒体信息以展示所要表达的主题。

（4）修饰处理

通过应用各种设计模板、调整各种配色方案、设置背景等操作来修饰演示文稿。

（5）观看放映

设置放映过程中的一些要素，通过预览播放查看效果，满意后正式观看放映。例如，添加动画设计可以使幻灯片的内容以动态的形式向观众展现；可以通过设置幻灯片的切换方式丰富幻灯片之间的过渡效果，增强幻灯片的放映效果；利用内容超链接及设置动作按钮可以在放映过程中在不连续的幻灯片之间进行切换，使演示文稿内容的安排更加灵活。

3. 演示文稿的制作原则

（1）主题明确，文字简练

PPT 演示的目的在于传达信息，要主题鲜明，内容简练，不要试图在一个 PPT 中面面俱到。

（2）结构清晰，逻辑性强

PPT 的结构逻辑要清晰、简明，通常采用"并列"、"递进"两类逻辑关系，可以通过不同层次的标题，标明 PPT 结构的逻辑关系。

（3）和谐美观，布局合理

遵循 KISS（Keep It Simple and Stupid）设计原则，保持简单的版式布局。

"简明"是 PPT 风格的第一原则，即尽量少的文字，充分借助图表。

使用"母版"定义 PPT 风格，母版背景应为空白或淡底，可以凸显图文。

Magic Seven 原则（7±2=5～9），每张幻灯片传达 5 个概念效果最好，7 个概念人脑恰好可以处理，超过 9 个概念负担太重了，请重新组织。

商业应用中，风格通常趋于保守，尽量少地使用动画（不要超过三种动画效果）。

（4）少用术语，无错别字

如果演示内容比较专业就要少用听众不理解的术语，避免科学性和知识性的错误，不要出现错别字。

5.1.2 PowerPoint 2010 的窗口组成

启动 PowerPoint 2010 应用程序后，出现如图 5-1-1 所示的 PowerPoint 窗口界面。

PowerPoint 窗口界面的组成元素是由标题栏、"文件"菜单、功能选项卡、快速访问工具栏、功能区、"幻灯片/大纲"窗格、幻灯片编辑区、备注窗格和状态栏等部分组成，着重介绍该软件的特色界面元素。

1. 占位符

占位符是指在幻灯片上出现的虚线方框，由幻灯片版式确定其布局。这些方框作为一些对象（幻灯片标题、文本、图表、表格、组织结构图和剪贴画）的占位符。

2. 视图切换按钮

包括普通视图、幻灯片浏览视图、阅读视图和幻灯片放映视图四个按钮。

其中，普通视图包含大纲窗格、幻灯片窗格和备注窗格，拖动窗格边框可调整不同窗格的大小。

图 5-1-1 PowerPoint 2010 窗口界面

3. "幻灯片/大纲"窗格

用于显示演示文稿的幻灯片数量及位置，通过它可更加方便地掌握整个演示文稿的结构。在"幻灯片"窗格下，将显示整个演示文稿中幻灯片的编号及缩略图；在"大纲"窗格下则列出当前演示文稿中各张幻灯片中的文本内容，注意只有占位符中的文字才能显示在大纲中。

使用大纲窗格可以直接键入演示文稿中的所有文本，使用【Tab】键与【Shift+Tab】组合键可以设置文字的大纲级别。

4. 幻灯片编辑区

幻灯片编辑区是整个窗口界面的核心区域，用于显示和编辑幻灯片，在其中可以输入文本、绘制图形、添加影片和声音、添加动画以及插入超链接等，是使用 PowerPoint 制作演示文稿的操作平台。

5. 备注窗格

位于幻灯片编辑区下方，用于添加与每个幻灯片内容相关的说明，如提供幻灯片展示内容背景和细节等，可供观众更好地掌握和了解幻灯片中展示的内容。

6. 状态栏

位于窗口界面最下方，用于显示正在编辑的演示文稿的相关信息。通常会显示出演示文稿的当前幻灯片序号、总幻灯片数、幻灯片采用的主题名称、视图切换按钮及页面显示比例等。

5.1.3 PowerPoint 2010 的视图方式

PowerPoint 2010 提供了多种视图方式以便浏览和编辑幻灯片，使用"视图"选项卡→"演示文稿视图"功能组即可实现不同视图间的轻松切换。也可以在窗口界面下方单击"视图切换"按钮实现视图切换。PowerPoint 2010 提供了 5 种常用视图方式，包括普通视图、幻灯片浏览视图、备注页视图、阅读视图和幻灯片放映视图。

1. 普通视图

PowerPoint 2010 默认显示普通视图，在该视图中可以同时显示幻灯片编辑区、"幻灯片/大纲"窗格及备注窗格。它主要用于调整演示文稿的结构及编辑单张幻灯片中的内容。

2. 幻灯片浏览视图

幻灯片浏览视图是以缩略图的形式显示演示文稿中的所有幻灯片，在此视图下可以观察演示文稿的全局并了解演示文稿的风格，还可以调整幻灯片的顺序。可以对幻灯片进行插入、复制、删除、隐藏等操作，可以设置幻灯片的切换效果、更换背景，但不能对单张幻灯片的具体内容进行编辑。

3. 备注页视图

在备注页视图下，没有"幻灯片/大纲"窗格，编辑区上方显示幻灯片，下方显示备注正文，可以为幻灯片添加文字、图形等备注信息，而在普通视图下的备注窗格中只能输入文本型备注信息。

4. 阅读视图

阅读视图仅显示标题栏、阅读区和状态栏，主要用于浏览幻灯片的内容。在该视图下，演示文稿中的幻灯片将以窗口大小进行放映。

5. 幻灯片放映视图

幻灯片放映视图可以全屏动态放映演示文稿中的所有幻灯片。添加的幻灯片切换效果、自定义动画效果会在此视图下展示出来。超链接的效果只有在幻灯片放映视图中才有效。

5.2 案例 1——极限运动图集欣赏

知识目标
- PowerPoint 2010 的相册功能与基本操作。
- 幻灯片版式与主题应用。
- 幻灯片母版设计。
- 幻灯片动作设置。
- 插入图片与图片处理技巧。
- 幻灯片切换与自动放映。
- 添加背景音乐。

5.2.1 案例说明

在本例中，将使用 PowerPoint 2010 提供的"相册"功能来创建一个相册集，在制作过程中将学会如何新建、打开、保存一份演示文稿，学习如何应用幻灯片版式和主题、如何使用母版设计幻灯片、如何利用动作设置实现超链接效果及添加、移动、复制和删除幻灯片等 PowerPoint 2010 基本操作。

制作好的相册集如图 5-2-1 所示。

图 5-2-1 电子相册——极限运动图集欣赏

5.2.2 制作步骤

在 PowerPoint 2010 中利用"新建相册"功能可以根据一组图片创建电子相册，开始之前请准备好需要的素材图片。

1. 创建相册框架

① 单击"开始"菜单，选择"所有程序"→"Microsoft Office"→"Microsoft Office PowerPoint 2010"命令，启动 PowerPoint 2010。

② 在"插入"选项卡的"图像"组中，单击"新建相册"按钮。

③ 在图 5-2-2 所示的"相册"对话框中，单击"文件/磁盘"按钮可以插入多个图片，还可以调整图片次序、设置相册版式等，单击"创建"按钮即可完成相册的创建。

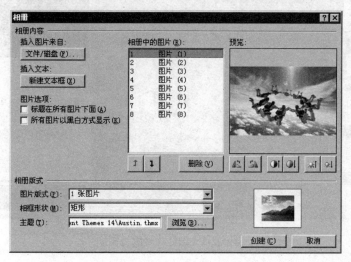

图 5-2-2 "相册"对话框

设置要求如下。
- 插入素材文件夹中的 8 张图片。
- 按图片序号调整次序。
- 图片版式为 1 张图片。
- 相框形状为矩形。

- 主题为 Austin.thmx。

④ 保存演示文稿：单击快速访问工具栏中的"保存"按钮，或者使用"文件"菜单中的"保存"→"另存为"命令，保存类型为 PowerPoint 演示文稿（*.pptx）。

- 为防止数据丢失，要注意随时保存演示文稿。
- 可以设置自动保存，方法是选择"文件"→"选项"命令，打开"PowerPoint 选项"对话框，选择"保存"选项卡。

2. 使用母版设计幻灯片

- 什么是母版？母版包含了应用的幻灯片设计模板中使用的所有样式元素。这些元素包括字体和段落样式，标题、文本和页脚在幻灯片上的位置，配色方案及背景设计等。
- 使用母版的好处：当要对幻灯片逐一进行相同的设计更改时，只需在母版上进行一次更改即可完成全部更改。简单地说，修改母版就是对演示文稿当前应用的幻灯片设计模板的修改。
- 在 PowerPoint 2010 中，幻灯片母版包含两部分，一个是幻灯片母版，在幻灯片缩略图窗格中显示为较大的那一张幻灯片图像，用于控制演示文稿中所有幻灯片的样式；另一个是与幻灯片母版相关联的版式，位于幻灯片母版下方，可以单独设置，如标题版式只用于控制应用标题版式的幻灯片样式。幻灯片母版视图如图 5-2-3 所示。

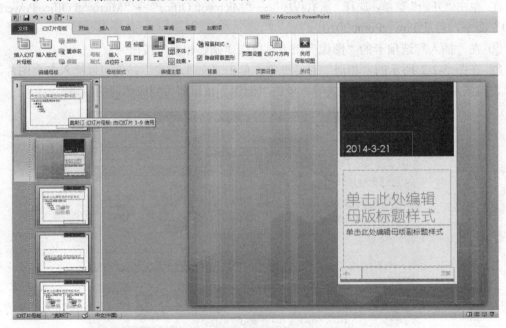

图 5-2-3　幻灯片母版视图

本例中，幻灯片母版设计如图 5-2-4 所示。

① 切换到幻灯片母版视图。

在"视图"选项卡→"母版视图"组中，单击"幻灯片母版"按钮。

② 删除幻灯片母版占位符。

- 鼠标单击幻灯片母版缩略图，选中要删除的占位符，按【Delete】键即可。
- 保留页脚和数字（幻灯片编号）占位符，删除其他占位符。

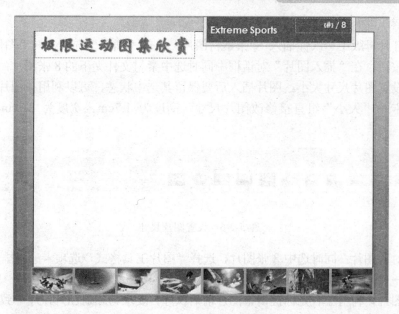

图 5-2-4 幻灯片母版设计

③ 设置页脚和幻灯片编号格式。
- 页脚占位符格式：选中页脚占位符，单击"开始"选项卡，在"字体"组中设置华文新魏、36 号字、加粗、浅蓝色；在"段落"组中设置文本左对齐；输入页脚文字"极限运动图集欣赏"。
- 数字（幻灯片编号）占位符：16 号字、加粗、白色、文本右对齐；在<#>后输入"/ 8"，表示当前图片编号与图片总数。
- 参照图 5-2-4 所示，将占位符拖动到幻灯片合适位置。
- 默认情况下，演示文稿是不显示页眉和页脚信息的，只有进行插入设置后才会在演示文稿中显示。方法是：单击"插入"选项卡→"文本"组→"页眉和页脚"按钮，打开"页眉和页脚"对话框，如图 5-2-5 所示，最后单击"全部应用"按钮即可。

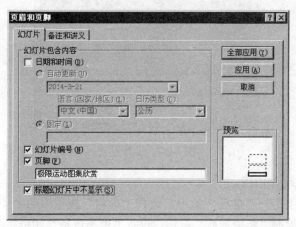

图 5-2-5 "页眉和页脚"对话框

④ 在幻灯片合适位置添加透明文本框，输入文字"Extreme Sports"，设置文字格式为白色、加粗、阴影。

⑤ 制作图片缩略图效果。
- 在幻灯片母版中一次性插入 8 张素材图片：单击"插入"选项卡→"图像"组→"图片"按钮，在"插入图片"对话框中同时选中素材文件夹下的 8 张图片，插入即可。
- 统一设置图片尺寸大小：图片插入后要保留其选中状态，可以利用"图片工具-格式"选项卡→"大小"组直接修改图片尺寸，高度为 1.7cm，宽度为 2.7cm，如图 5-2-6 所示。

图 5-2-6 设置图片尺寸

- 统一对齐图片：同时选中 8 张图片，选择"图片工具格式"选项卡→"排列"组→"对齐"→"底端对齐"命令，拖动全部图片到幻灯片底部合适位置。
- 选中图片，利用左右光标键调整图片前后次序，要求与相册图片次序一致；确定首尾 2 张图片位置后，再次选中全部 8 张图片，利用"横向分布"完成缩略图的布局。
- 利用"图片工具格式"选项卡→"图片样式"组为缩略图添加橙色、3 磅图片边框。

⑥ 制作图片缩略图链接。

选中第 1 张缩略图，选择"插入"选项卡→"链接"组→"动作"命令，在"动作设置"对话框中选择"单击鼠标"选项卡，设置"超链接到"对应幻灯片，如图 5-2-7 所示。

其他缩略图设置，方法同上。

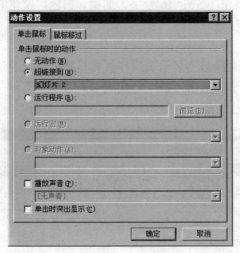

图 5-2-7 动作设置

⑦ 添加结束放映动作按钮。
- 在"插入"选项卡→"插图"组中，选择"形状"按钮中的"动作按钮：自定义"，在幻灯片右下角绘制"结束放映"按钮，设置"单击鼠标"超链接到"最后一张幻灯片"。
- 在"开始"选项卡→"绘图"组→"快速样式"中，选择"强烈效果-绿色"样式。
- 右击动作按钮，选择"编辑文字"命令，输入按钮文本"结束放映"，设置文本格式为 14 号字、加粗、红色。

⑧ 标题幻灯片版式设计如图 5-2-8 所示，请自行完成。

图 5-2-8　标题幻灯片版式

- 图片设置：插入图片，"图片工具格式"选项卡→"图片样式"组→"金属框架"。
- 设置页脚：文本"极限运动图集欣赏"，华文新魏、24 号字、加粗、浅蓝色、左对齐。

⑨ 关闭母版视图，返回幻灯片普通视图。

3. 制作封面（标题幻灯片）

即制作第一张幻灯片，默认"标题幻灯片"版式，如图 5-2-9 所示。

图 5-2-9　标题幻灯片

① 在标题与副标题占位符中分别输入标题文字"极限运动图集欣赏"和制作人信息。
② 格式设置：使用"开始"选项卡→"字体/段落"组完成设置。
- 标题文字为华文彩云、54 号字、加粗、阴影、左对齐。
- 副标题文字为幼圆、20 号字、黑色、加粗、阴影、底端对齐（"对齐文本"）、右对齐。

4. 修正图片编号

由于幻灯片上显示的数字是幻灯片编号，因此不能正确显示出图片序号，要解决图片序号与幻灯片编号差 1 的问题,只需要设置幻灯片起始编号从 0 开始即可。方法是:单击"设计"选项卡→"页面设置"组→"页面设置"按钮,设置如图 5-2-10 所示。

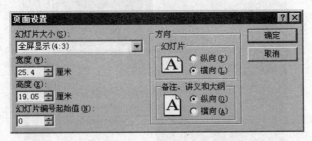

图 5-2-10　标题幻灯片版式

5. 制作封底(结束页)

① 插入结束页:选中最后一张幻灯片,选择"开始"选项卡→"幻灯片"组→"新建幻灯片"。

② 设置标题幻灯片版式:单击"开始"选项卡→"幻灯片"组→"版式"→"标题幻灯片"按钮。

③ 输入标题文字"谢谢欣赏!",请自行设置格式。

④ 显示页脚:单击"插入"选项卡→"文本"组→"页眉和页脚"按钮,在"页眉和页脚"对话框中,仅选中"页脚"复选框,选择"应用"按钮即可。

6. 设置幻灯片切换效果与换片方式

① 设置幻灯片切换:选中幻灯片,在"切换"选项卡的"切换到此幻灯片"组中,单击要应用于该幻灯片的幻灯片切换效果。"切换"选项卡如图 5-2-11 所示。

图 5-2-11　幻灯片"切换"选项卡

- "幻灯片切换效果"是指幻灯片放映过程中,幻灯片出现时的视觉效果。在"切换"选项卡中可以控制切换效果的速度,添加声音,还可以对切换效果的属性进行自定义。
- PowerPoint 2010 提供了三类切换方案:细微型,幻灯片切换细小、简单;华丽型,幻灯片切换复杂、生动;动态内容,主要针对幻灯片中的内容进行切换。
- 请为 1~9 张幻灯片应用不同的动态内容切换方案,可以使用"预览"按钮对所设幻灯片的切换效果进行预览。

② 设置换片方式。

- 要求 1~8 张幻灯片只能使用动作设置进行换片,即单击鼠标时不能换片。方法是:同时选中 1~8 张幻灯片,在"切换"选项卡的"计时"组中,取消选中换片方式的两个复选框。
- 换片方式中的"单击鼠标时"和"设置自动换片时间"同时设置时,PowerPoint 自动在两者之间选择一个较短时间进行切换。

7. 保存并放映演示文稿

放映演示文稿：在"幻灯片放映"选项卡上的"开始放映幻灯片"组中，单击"从头开始"（键盘【F5】键）或者"从当前幻灯片开始"（【Shift+F5】组合键）。

观看幻灯片放映效果是否达到预期要求，如本例中的幻灯片跳转是否正确，如有错误要马上修改；想想还能给幻灯片加点儿什么？能为图片增加文字说明吗？能添加背景音乐吗？请大家参考相关知识点自行补充完善。

反复修改放映演示文稿直至放映效果满意，保存演示文稿。

5.2.3 相关知识点

1. 新建演示文稿

PowerPoint 2010 提供了多种创建演示文稿的方法，如创建空白演示文稿、利用模板创建演示文稿、使用主题创建演示文稿以及使用 Office.com 上的模板创建演示文稿等。

① 创建空白演示文稿。

启动 PowerPoint 2010 后，系统会自动新建一个空白演示文稿。也可以使用命令、快捷菜单或快捷键方式创建空白演示文稿，方法如下。

使用命令创建：启动 PowerPoint 2010 后，选择"文件"→"新建"命令，在"可用的模板和主题"栏中单击"空白演示文稿"，再单击"创建"按钮，即可创建一个空白演示文稿。

使用快捷菜单创建：在桌面空白处单击鼠标右键，在弹出的快捷菜单中选择"新建"→"Microsoft PowerPoint 演示文稿"命令，在桌面上将新建一个空白演示文稿。

使用快捷键创建：启动 PowerPoint 2010 后，按【Ctrl+N】组合键可快速新建一个空白演示文稿。

② 利用模板创建演示文稿。

模板是已经设计好幻灯片背景、样式的演示文稿，其后缀名为.potx。模板通常包含版式、主题颜色、主题字体、主题效果及背景样式，也可以包含多种元素，如图片、文字、图表、表格、动画等，如图 5-2-12 所示。

图 5-2-12　PowerPoint 模板

启动 PowerPoint 2010，选择"文件"→"新建"命令，在"可用的模板和主题"栏中单击"样本模板"按钮，在打开的页面中选择所需的模板选项，单击"创建"按钮即可创建演示文稿。

③ 利用主题创建演示文稿。

主题是主题颜色、主题字体和主题效果三者的组合，其后缀名为.thmx，如图 5-2-13 所示。

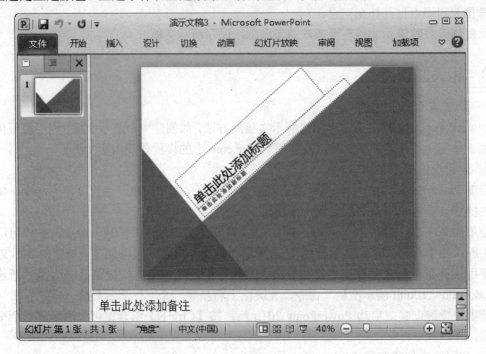

图 5-2-13　PowerPoint 主题

启动 PowerPoint 2010，选择"文件"→"新建"命令，在"可用的模板和主题"栏中单击"主题"按钮，在打开的页面中选择需要的主题，单击"创建"按钮即可创建演示文稿。

④ 使用 Office.com 上的模板创建演示文稿。

启动 PowerPoint 2010，选择"文件"→"新建"命令，在"Office.com 模板"栏中选择需要的模板样式，单击"下载"按钮，下载完成后，将自动根据下载的模板创建演示文稿。

⑤ 根据现有内容新建演示文稿。

启动 PowerPoint 2010，选择"文件"→"新建"命令，在"可用的模板和主题"栏中单击"根据现有内容新建"按钮，PowerPoint 会生成一个和已有演示文稿相同的演示文稿，用户可以在此基础上修改，得到新的演示文稿。

2. 打开演示文稿

① 如果未启动 PowerPoint 2010，可直接双击需要打开的演示文稿图标。

② 启动 PowerPoint 2010 后，选择"文件"→"打开"命令即可打开一般演示文稿。

③ 打开最近使用的演示文稿：选择"文件"→"最近所用文件"命令。

④ 以只读方式打开演示文稿：只能进行浏览演示文稿，不能更改演示文稿中的内容。方法是：选择"文件"→"打开"命令，在"打开"对话框中选择需打开的演示文稿后，单击"打开"按钮的右侧按钮，在弹出的下拉列表中选择"以只读方式打开"选项。此时，打开的演示文稿标题栏中将显示"只读"字样。

⑤ 以副本方式打开演示文稿：将演示文稿作为副本打开，对演示文稿进行编辑时不会影响源文件的效果。其打开方法和以只读方式打开演示文稿方法类似，在打开的演示文稿标题栏中将显示"副本"字样。

3. 保存演示文稿

① 直接保存演示文稿：选择"文件"→"保存"命令或单击快速访问工具栏中的"保存"按钮，组合键是【Ctrl+S】。

② 另存为演示文稿：若不想改变原有演示文稿中的内容，可通过"文件"→"另存为"命令将演示文稿保存在其他位置。

③ 将演示文稿保存为模板：可以根据需要将制作好的演示文稿保存为模板，以便后期制作同类演示文稿时使用。

方法是：选择"文件"→"保存"命令，打开"另存为"对话框，在"保存类型"下拉列表框中选择"PowerPoint 模板"选项。

或者，选择"文件"→"保存并发送"命令，在"文件类型"栏中选择"更改文件类型"选项，在"更改文件类型"栏中双击"模板"选项，打开"另存为"对话框，选择模板的保存位置，单击"保存"按钮。

4. 关闭演示文稿

① 右击 PowerPoint 2010 窗口标题栏，在快捷菜单中选择"关闭"命令。

② 按【Alt+F4】组合键或单击"关闭"按钮，关闭演示文稿并退出 PowerPoint 程序。

③ 选择"文件"→"关闭"命令，关闭当前演示文稿。

5. 新建幻灯片

演示文稿是由多张幻灯片组成的，用户可以根据需要在演示文稿的任意位置新建幻灯片。

① 右击"幻灯片/大纲"窗格，在快捷菜单中选择"新建幻灯片"命令。

② 单击"开始"→"幻灯片"组→"新建幻灯片"按钮，快捷键【Ctrl+M】。

6. 选择幻灯片

在"幻灯片/大纲"窗格或幻灯片浏览视图中，利用幻灯片缩略图可以方便地选择幻灯片。

① 选择单张幻灯片：单击幻灯片缩略图。

② 选择多张连续的幻灯片：单击要选择的第 1 张幻灯片，按住【Shift】键不放，再单击需选择的最后一张幻灯片，释放【Shift】键后，两张幻灯片之间的所有幻灯片均被选择。

③ 选择多张不连续的幻灯片：单击要选择的第 1 张幻灯片，按住【Ctrl】键不放，再依次单击需选择的幻灯片，可选择多张不连续的幻灯片。

④ 选择全部幻灯片：按【Ctrl+A】组合键，可选择当前演示文稿中所有的幻灯片。

7. 移动和复制幻灯片

① 在"幻灯片/大纲"窗格或幻灯片浏览视图中，利用鼠标直接拖动幻灯片缩略图即可实现幻灯片的移动，在拖动的同时按住【Ctrl】键，则可实现幻灯片的复制。

② 右击幻灯片缩略图，在快捷菜单中选择"剪切/粘贴"或"复制幻灯片"命令，即可完成移动或复制幻灯片。

8. 隐藏和删除幻灯片

① 隐藏幻灯片：在"幻灯片/大纲"窗格和幻灯片浏览视图中，右击幻灯片缩略图，选择"隐藏幻灯片"命令，幻灯片放映时将自动跳过这些隐藏的幻灯片。

② 删除幻灯片：选择要删除的幻灯片，按【Delete】键或右击幻灯片缩略图，选择"删除

幻灯片"命令。

9. 为演示文稿应用主题

应用主题能为演示文稿设置统一的背景、外观，使整个演示文稿风格统一。在 PowerPoint 2010 中预设了多种主题样式，用户可根据需要选择所需的主题样式。方法是：打开演示文稿，选择"设计"→"主题"组，在"主题选项"栏中选择所需的主题样式。用户还可以根据自己的喜好更改当前演示文稿的主题颜色、主题字体或主题效果。

10. 为演示文稿添加背景音乐

① 选中要添加音乐的幻灯片，选择"插入"→"媒体"组→"文件中的音频"，选择要插入的声音文件，单击"插入"按钮，此时幻灯片上将显示一个声音图标。

② 鼠标移向声音图标，将显示一个简易播放控件；选中声音图标，将显示音频工具"格式"和"播放"选项卡，在"播放"选项卡→"音频选项"组中设置"开始："为"自动"或者"跨幻灯片播放"。此外，还可以对音频进行剪辑、放映时隐藏声音图标等设置，如图 5-2-14 所示。要隐藏声音图标，还可以将它直接拖出幻灯片。

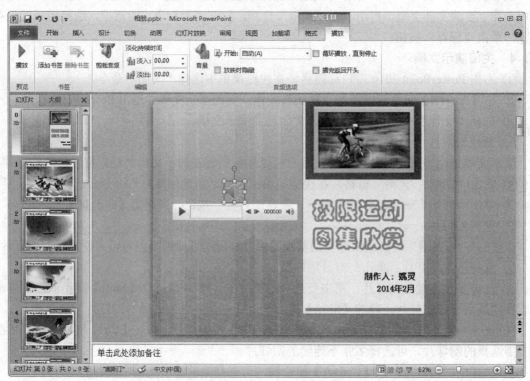

图 5-2-14 音频工具

③ 选中声音图标，单击"动画"选项卡→"高级动画"组→"动画窗格"按钮，将在窗口右侧显示动画窗格，双击其中的播放动画序列，设置"播放音频"对话框中的"停止播放"和"重复"，如图 5-2-15 所示。注意，如果设置了"跨幻灯片播放"，则"停止播放"将被自动设置在"999 张幻灯片后"，可以直接实现背景音乐跨幻灯片连续播放。

11. 设置放映方式

选择"幻灯片放映"选项卡→"设置"组→"设置幻灯片放映"，弹出"设置放映方式"对话框，如图 5-2-16 所示。

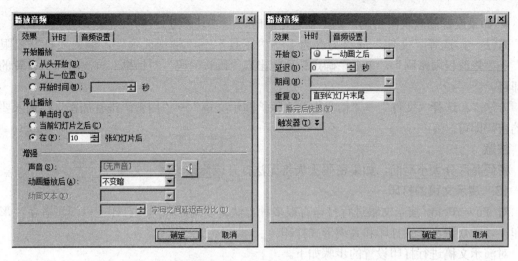

图 5-2-15 "播放音频"对话框

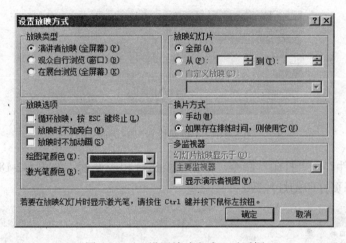

图 5-2-16 "设置放映方式"对话框

① "演讲者放映（全屏幕）"：在放映过程中以全屏显示幻灯片。演讲者能控制幻灯片的放映，暂停演示文稿，添加会议细节，还可以录制旁白。

② "观众自行浏览（窗口）"：在标准窗口中放映幻灯片。这种播放方式提供用于控制的工具栏，也可以按【PageDown】或【PageUp】键使幻灯片前进或后退。

③ "在展台浏览（全屏幕）"：实现自动全屏放映幻灯片，并且循环放映演示文稿，直到按【Esc】键为止。这种方式在放映过程中，除了通过超链接或动作按钮来进行切换以外，其他的功能都不能使用。因此，使用这种方式之前，用户必须为演示文稿设置排练时间（"幻灯片放映"选项卡→"设置"组→"排练计时"），否则，演示文稿将永远停止在第一张幻灯片。

实现幻灯片自动放映的其他方法如下。

● "切换"选项卡→"计时"组→"换片方式"中的"设置自动换片时间"→"全部应用"，则在达到预设秒数时自动进行幻灯片切换，从而实现幻灯片的自动放映。

● 将幻灯片保存为"PowerPoint 放映"格式，即扩展名为".ppsx"。

12. 加密演示文稿

● 如果演示文稿设置了打开权限密码，那么不知道密码就不能打开该演示文稿。

● 如果设置修改权限密码，则不知道密码时只能以只读方式打开该演示文稿。

方法一：选择"文件"→"另存为"→"工具"→"常规选项"，输入"打开权限密码"→"修改权限密码"，单击"确定"后将出现"确认密码"对话框，再次输入所设置的密码即可。

方法二：选择"文件"→"信息"→"保护演示文稿"→"用密码进行加密"，输入要设定的密码即可。

注意

密码是区分大小写的，如果密码丢失将无法打开或修改该演示文稿。

13. 演示文稿的打印

对 PowerPoint 演示文稿进行打印有很多种方法：以幻灯片形式打印；以演讲者备注形式打印；以听众讲义形式打印和大纲形式打印。

对演示文稿进行打印设置的步骤如下。

① 选择"设计"→"页面设置"命令，进行幻灯片大小和方向的设置，如图 5-2-17 所示。

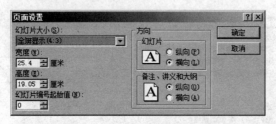

图 5-2-17 "页面设置"对话框

② 选择"文件"→"打印"命令，根据需要进行相应设置，如图 5-2-18 所示。当要打印讲义时可以选择每页打印幻灯片数。

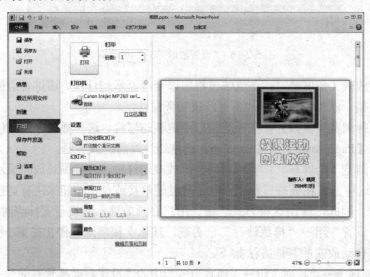

图 5-2-18 打印设置

14. 演示文稿打包

演示文稿打包是指将演示文稿所需要的所有文件、字体和 PowerPoint 播放器打包到某个文件夹内或 CD，便于用户在其他计算机上正常播放演示文稿。

① 打开需要打包的演示文稿。

② 单击"文件"→"保存并发送"→"将演示文稿打包成 CD"→"打包成 CD"按钮，弹出"打包成 CD"对话框，如图 5-2-19 所示。

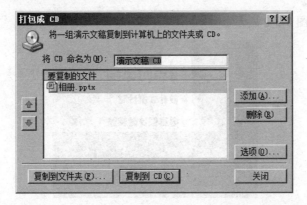

图 5-2-19 "打包成 CD"对话框

③ 如果要保存到本地计算机，单击"复制到文件夹"；如果计算机安装有刻录机，单击"复制到 CD"按钮，可以将打包文件刻录到光盘上。

5.3 案例 2——倒计时动画

知识目标
- 幻灯片背景设置。
- 动作按钮与插入超链接。
- 添加动画效果与延迟设计。
- 设置触发器。

5.3.1 案例说明

在本例中，将学习如何使用幻灯片动画效果实现 10 秒倒计时动画，同时还将学习电影倒计时特效的制作。

案例效果如图 5-3-1 所示。

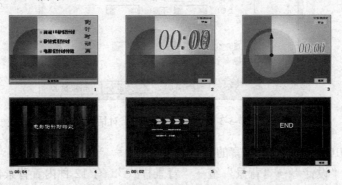

图 5-3-1 "倒计时动画"浏览视图

5.3.2 制作步骤

1. 制作"目录页"

目录页效果图如图 5-3-2 所示。

图 5-3-2　目录页效果图

操作步骤如下。

① 新建空白演示文稿，设置幻灯片版式为"空白版式"："开始"→"幻灯片"组→"版式"→"空白"。

② 背景设置为"倒计时背景"图片：右击空白幻灯片，在快捷菜单中选择"设置背景格式"命令，或者选择"设计"→"背景"组→"背景样式"→"设置背景格式"命令，在"填充"选项卡下选择"图片或纹理填充"→插入自"文件"→选择背景图片文件→"关闭"，如图 5-3-3 所示。

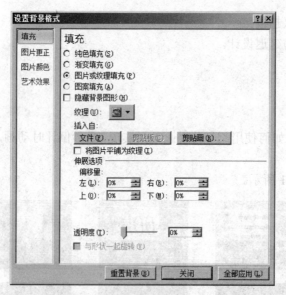

图 5-3-3　"设置背景格式"对话框

PowerPoint 2010 提供了如下丰富的背景设置。
- 预设背景："设计"→"背景"组→"背景样式"，有 12 种内置背景供用户选择。
- 填充背景："设计"→"背景"组→"背景样式"→"设置背景格式"，用户可以选择纯色填充、渐变填充、图片填充、纹理填充等多种填充方式，还可以使用"图片更正"、"图片颜色"、"艺术效果"对背景进一步加工达到更精美的效果。

③ 利用文本框输入目录页中的文字信息，请参照效果图自行设置相关格式。
- 插入文本框："插入"→"文本"组→"文本框"→"横排文本框"或"垂直文本框"。
- 字体格式设置："开始"→"字体"组，或单击"字体"组中对话框启动器按钮，打开"字体"对话框，可以设置文字的字体、大小、样式、颜色、字符间距等，如图5-3-4所示。

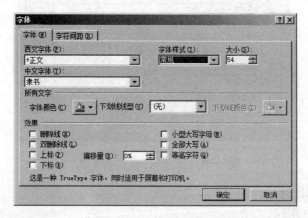

图 5-3-4 "字体"对话框

- 段落格式设置：单击"开始"→"段落"组，或单击"段落"组中对话框启动器按钮，打开"段落"对话框，可以设置段落的对齐方式、缩进方式、段间距、行间距等，如图5-3-5所示。

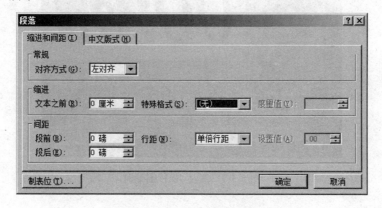

图 5-3-5 "段落"对话框

- 添加项目符号或编号：单击"开始"→"段落"组→"项目符号"或"编号"按钮。
- 分栏：单击"开始"→"段落"组→"分栏"按钮。

④ 参照目录页效果图绘制矩形置于幻灯片底部，为其添加文字"结束放映"，并设置相应的动作设置，如图5-3-6所示。
- 插入形状：单击"插入"→"插图"组→"形状"按钮，绘制后直接输入文字即可。
- 添加动作设置：单击"插入"→"链接"组→"动作"按钮。

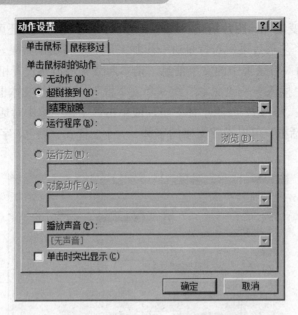

图 5-3-6 "结束放映"的动作设置

2. 简易 10 秒倒计时

其效果如图 5-3-7 所示。

图 5-3-7 简易 10 秒倒计时

操作步骤如下。

① 插入新幻灯片,空白版式,并设置背景("倒计时背景"图片)。

② 在幻灯片右上角添加文本框,输入提示信息"10 秒倒计时",插入艺术字"00:10"(字体、大小、颜色自行设定)。

插入艺术字:"插入"→"文本"组→"艺术字"。利用"插入"选项卡,还可以方便地插入图表、图片、表格等幻灯片常用元素。

③ 打开动画窗格:"动画"→"高级动画"组→"动画窗格"。

④ 第 10 秒动画设置:选中艺术字"00:10"→"动画"→"高级动画"组→"添加动画"→"退出"→"消失",在"计时"组中设置"开始:单击时","延迟:01.00 秒"。

⑤ 第 9 秒设置。
- 复制艺术字"00:10",选中置于顶层的艺术字,修改其文本为"00:09"。
- 更改已有动画效果:选中动画窗格下的"00:09"动画效果列表→"动画"组→"进入"→"出现",在"计时"组中设置"开始:上一动画之后"。
- 选中艺术字"00:09"→"动画"→"高级动画"组→"添加动画"→"退出"→"消失",在"计时"组中设置"开始:上一动画之后","延迟:01.00 秒"。

⑥ 复制艺术字"00:09",修改顶层艺术字为"00:08"。重复此项操作,直至完成全部艺术字文本修改"00:07"……"00:00",因倒计时结束应停止在"00:00",即不需要 0 秒的退出,所以要删除最后一个动画效果列表(艺术字"00:00"的消失效果),方法是鼠标右击要删除的动画列表,在快捷菜单中选择"删除"命令。

⑦ 分别设置艺术字的左对齐与顶端对齐,并一起拖动到背景右上方的白色区域。
- 选中全部艺术字:按住鼠标左键,在艺术字的外围拖拉出一个虚线框,即可同时选中虚线框所包围的全部艺术字。或者【Shift】+单击艺术字,也可以选中全部艺术字。
- 设置艺术字的对齐:选中全部艺术字,绘图工具"格式"→"排列"组→"对齐"按钮。

⑧ 参照效果图添加返回和开始动作按钮。
- 插入动作按钮:"插入"→"插图"组→"形状"→"动作按钮",单击"自定义"动作按钮,拖动鼠标绘制按钮。
- 按钮的动作设置为"单击鼠标"超链接到"第一张幻灯片"。
- 选中按钮,输入按钮标题文字"返回",请自行设置格式。
- 同样方法设置开始按钮,但不要设置链接,即单击鼠标时"无动作"。

⑨ 利用触发器实现单击开始按钮启动 10 秒倒计时。
- 在"动画窗格"中,选择全部动画效果列表,方法是:单击第 1 个效果列表,【Shift】+单击最后 1 个效果列表。
- 设置触发器:"动画"→"高级动画"组→"触发"→"单击"→选中动作按钮"开始";或者,单击效果列表右侧箭头,"计时"→"触发器"→"单击下列对象时启动效果",在对象列表中单击"开始"动作按钮,单击"确定"按钮即可。
- 使用状态栏上的幻灯片放映视图按钮从当前幻灯片开始放映,观看 10 秒倒计时效果。

3. 秒针式倒计时

其效果如图 5-3-8 所示。

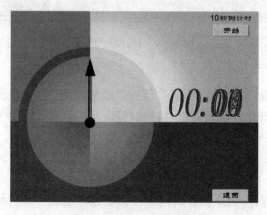

图 5-3-8　秒针式倒计时

① 复制第 2 张幻灯片：右击"幻灯片/大纲窗格"中要复制的幻灯片缩略图，在快捷菜单中选择"复制幻灯片"。
② 选中全部艺术字，统一改变艺术字的大小，拖动至背景中圆的外侧。
③ 绘制表盘，即绘制一个背景中圆的同心圆。
- 单击"插入"→"插图"组→"形状"→"椭圆"按钮，鼠标指向圆心，同时按下【Shift+Ctrl】组合键，按住鼠标左键拖动即可绘制一个同心圆。
- 同心圆格式设置：右击同心圆，在快捷菜单中选择"设置形状格式"命令。线条颜色为"无线条"，填充为纯色填充，透明度为 50%。

④ 绘制秒针。
- "插入"→"插图"组→"形状"→"箭头"按钮，以圆心为起点，绘制带箭头的线段，右击线段设置形状格式，线条为黑色、"三线"复合类型、10 磅宽度，前端类型为"圆形箭头"，后端类型为"箭头"，如图 5-3-9 所示。
- 在线段下方绘制与线段等长的矩形，同时选中线段和矩形，设置左右居中对齐，将二者组合并移至圆心处，设置其中的矩形无线条、无颜色填充，这样组合后的秒针在应用陀螺旋动画时将以圆心为轴顺时针旋转。

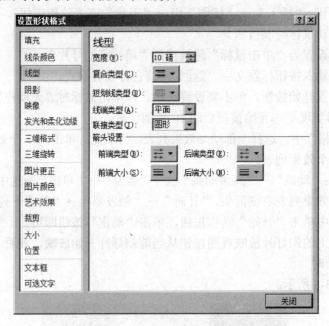

图 5-3-9　秒针格式设置

⑤ 秒针动画设计。
- 选中秒针→"动画"→"高级动画"组→"添加动画"→"强调"→"陀螺旋"，在"计时"组中设置"开始：单击时"，"持续时间：10.00 秒"，"触发"设置是单击"开始"按钮。
- 此时放映幻灯片，第一次单击"开始"按钮将开始数字倒计时，第二次单击将开始秒针倒计时。

⑥ 为保证秒针倒计时与数字倒计时同步，需要在"动画"→"计时"组中修改原有动画的开始时间和延迟设计。

- 选中全部艺术字的动画列表,修改开始时间为"与上一动画同时"。
- 选中"10 秒的消失"和"9 秒的出现"2 个动画列表,设置延迟 1 秒;则下 2 个动画"9 秒的消失"和"8 秒的出现"的延迟应该为 2 秒,以此类推,每一对消失和出现动画,延迟时间顺次增加 1 秒。

4. 制作电影倒计时特效

① 新建幻灯片("开始"→"幻灯片"组→"新建幻灯片"),设置黑色背景("设计"→"背景"组→"背景样式"→右击"样式 4"→"应用于所选幻灯片")。

② 制作拉幕后的影院效果,如图 5-3-10 所示。
- 插入红幕图片("插入"→"图像"组→"图片"),调整大小、位置。
- 绘制 2 个矩形,设置形状格式:无线条色、黑色渐变填充,适当调整渐变光圈和亮度。

③ 第 2 次插入红幕图片,并在图片上添加文本框,输入文字"电影倒计时特效"(请自行设置文本格式),如图 5-3-11 所示。

图 5-3-10　拉幕后的影院效果　　　　图 5-3-11　插入红幕与文本框

④ 拉幕动画设计。
- "电影倒计时特效"文本框:"添加动画"→"退出"→"淡出"、"开始:上一动画之后"、"持续时间 00.50 秒"。
- 红幕图片:"添加动画"→"退出"→"劈裂"、"开始:上一动画之后"、"持续时间 00.50 秒"、"效果选项"→方向是"中央向左右展开"。

⑤ 制作开拍效果。
- 复制上一张幻灯片,删除红幕与标题,即是拉幕后的影院效果。
- 插入图片"道具-1"与"道具-2",调整大小并置于适当位置。
- 在道具图片上添加透明文本框,输入文本,如图 5-3-12 所示。
- 图片"道具-1"动画设计 1:"添加动画"→"强调"→"陀螺旋"、"开始:上一动画之后"、"持续时间 00.50 秒",双击动画列表在"效果选项"中设置数量"15°逆时针"。
- 图片"道具-1"动画设计 2:"添加动画"→"强调"→"陀螺旋"、"开始:上一动画之后"、"持续时间 00.20 秒",双击动画列表在"效果选项"中设置数量"15°顺时针"。

⑥ 电影倒计时背景设计,如图 5-3-13 所示。
- 复制上一张幻灯片,删除道具图片及文字,保留拉幕后的影院效果。

图 5-3-12　道具图片

- 在放映处绘制一个矩形，设置灰白色渐变效果，并添加 1.5 磅的黑色横、竖线产生分割效果。
- 在矩形上绘制两个无填充色、白色线条的同心圆（左右居中、上下居中对齐同心圆）。

⑦ 第 5 秒倒计时效果，如图 5-3-14 所示。

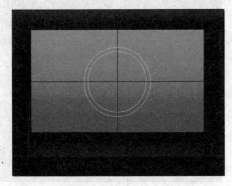 

图 5-3-13　电影倒计时背景　　　　　图 5-3-14　第 5 秒倒计时

- 在圆内添加一个透明矩形，添加数字 5，黑色，200 号字。
- 灰白色矩形动画设计："添加动画"→"进入"→"轮子"、"开始：与上一动画同时"、"持续时间 1 秒"。
- 数字 5 动画设计："添加动画"→"进入"→"淡出"、"开始：与上一动画同时"、"持续时间 1 秒"、"效果选项：播放动画后隐藏"。
- 黑色背景矩形动画设计："添加动画"→"强调"→"彩色脉冲"、"开始：与上一动画同时"、"持续时间 1 秒"。

⑧ 第 4～1 秒的倒计时动画设计与第 5 秒基本相同，只需要修改每 1 秒的动画列表中的第一个动画，将"开始：与上一动画同时"修改为"开始：上一动画之后"。注意，最后 1 秒不需要设置播放后隐藏。此时数字 5～1 将叠放在一起，只有在播放时才能看到 5 秒倒计时效果。

⑨ 倒计时结束效果，如图 5-3-15 所示。

- 绘制矩形，设置黑色渐变，用于倒计时结束后遮挡灰白色的倒计时区域，其动画设计为"添加动画"→"进入"→"淡出"、"开始：上一动画之后"、"持续时间 0.5 秒"。
- 添加结束文本 END，可以使用艺术字，请自行添加动画效果。
- 复制前面幻灯片中的返回动作按钮（单击该按钮将返回"目录页"幻灯片）。

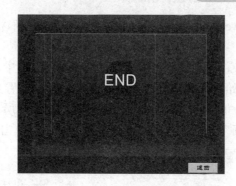

图 5-3-15　倒计时结束

⑩ 设置幻灯片切换，实现电影倒计时的自动放映。
- 选中电影倒计时的前 2 张幻灯片（拉幕与开拍效果），"切换"→"计时"组→"换片方式"→取消单击鼠标时换片，仅选中"设置自动换片时间为 0 秒"。
- 方法同上，取消第 3 张幻灯片（5 秒倒计时）的两种换片方式，即通过返回按钮控制幻灯片放映。

此外，为增添老电影效果，可以加几条竖线，随着倒计时而前后移动。请大家考虑该如何设置呢？

5. 设置目录页的超链接

切换到目录页（第一张幻灯片），设置 3 种倒计时动画的超链接。

方法是：选中需要链接的文字→"插入"→"链接"组→"超链接"→"本文档中的位置"→选择对应的幻灯片，如图 5-3-16 所示。

图 5-3-16　超链接到"本文档中的位置"

6. 幻灯片放映与保存

完成上述操作后，即可放映幻灯片并将其保存。

5.3.3　相关知识点

1. 应用动画方案

动画是指给文本或对象添加特殊视觉或声音效果。例如，可以使文本从左侧飞入，或在显示图片时播放掌声。在 PowerPoint 2010 中可以为文本、图片、形状、表格、SmartArt 图形和其他对象应用动画方案。

选中要应用动画的对象，在"动画"选项卡上的"动画"组中，选择所需的动画效果，在"计时"组中设置动画的开始时间和速度，如图 5-3-17 所示。设置后单击"预览"按钮，即可提前观看设置的动画效果。可以在"动画窗格"中查看幻灯片上所有动画的列表，打开"动画窗格"的方法是：在"动画"选项卡上的"高级动画"组中，单击"动画窗格"按钮。

图 5-3-17 "动画"选项卡上的"动画"组

① 单击"动画"组中的"效果选项"按钮可以改变动画效果出现的方向和序列。

② "计时"组中动画的三种开始设置：单击时、与上一动画同时、上一动画之后，"持续时间"是指动画效果播放的速度。

③ "持续时间"：动画效果播放的速度。

④ "效果"选项卡：在动画窗格中双击动画表列将显示"效果选项"对话框。

效果选项包括按字或字母动画、变暗文本和添加声音等选项，如图 5-3-18 所示。

- 声音：如果希望在播放动画时播放声音，可以在"声音"框中选择一个声音或一个 WAV 类型的声音文件。
- 动画播放后：可以选择变暗、隐藏或颜色更改等效果。变暗和隐藏效果对于吸引观众的注意力是有效的。在逐行展示信息时，一行的文本在介绍下一行时变暗或隐藏，会将注意力吸引到新的内容。而对文本更改颜色则适用于希望"突出"的内容。
- 动画文本："整批发送"是逐行进入，"按字/词"是每行逐字进入，"按字母"是每行逐字母进入。

⑤ "计时"选项卡。

可以设置动画的启动时间（开始）、时间延迟（延迟）、播放速度（速度）等计时选项，如图 5-3-19 所示。

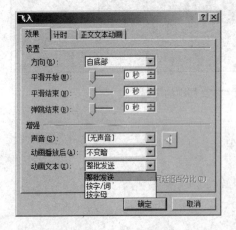

图 5-3-18 "效果"选项卡

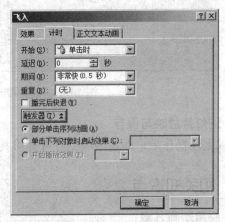

图 5-3-19 "计时"选项卡

- 使多个动画效果重叠的方法是将它们一起启动（开始项为"与上一动画同时"），然后为它们指定时间延迟的秒数，使它们在日程表的不同位置启动。
- 时间延迟是指定要延迟启动动画效果的秒数，根据开始设置的不同，延迟效果也不同。"与上一动画同时"的延迟结果是上一动画开始后延迟指定秒数，"上一动画之后"是上一动画完成后延迟指定秒数，"单击时"选项表示鼠标单击上一动画后延迟指定秒数。

⑥ 显示高级日程表：在动画窗格中右击动画表列，快捷菜单中选择"显示高级日程表"。日程表以方框的形式显示效果在幻灯片上的播放时间或"期间"，可以拖动方框来更改时间。这样，如要创建时间延迟，只需将期间框拖动到日程表中靠后一点即可。还可以同时查看其他期间，并可以按照各个期间的相互关系来调整它们。

- 双箭头指针⇔：鼠标指向期间方框的开始和结束点时，将显示带有双箭头的指针。拖动它可以调整动画效果的开始、结束的时间（设置效果的速度或延迟）。例如，将开始点向右拖动将缩短效果的期间（提高效果的速度），因为它的结束点不移动。
- 双向箭头的指针↔：鼠标指向期间方框的中间时，将显示带有双向箭头的指针；拖动它可以移动整个效果，改变效果的开始播放时间，但效果的整体速度和长度不会更改。

2. 添加和删除动画效果

单个对象添加多个动画效果：选择要添加多个动画效果的文本或对象，在"动画"选项卡上的"高级动画"组中，单击"添加动画"。

删除已有的动画效果："动画窗格"中选择要删除的动画列表，在"动画"选项卡的"动画"组中，单击"无动画"。

3. 幻灯片放映的常用快捷键

幻灯片放映导航快捷方式如图 5-3-20 所示。

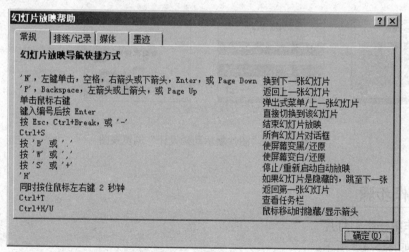

图 5-3-20　幻灯片放映导航快捷方式

在演示文稿放映期间，也可以使用屏幕左下角的"幻灯片放映"工具栏来选择墨迹注释工具、笔和荧光笔选项，以及"幻灯片放映"菜单。

4. 多个演示文稿间的幻灯片排序

① 打开每个演示文稿，选择"视图"→"窗口"组→"全部重排"命令。
② 拖动幻灯片缩略图，即可将一个演示文稿中的幻灯片拖到另一个演示文稿中。

5.4 案例3——图片展示动画设计

知识目标
- 切入与切出动画效果应用。
- 层叠与伸展动画效果应用。
- 动画刷的使用。
- 设置动作路径。
- 动画效果的重复设置。

5.4.1 案例说明

在本例中，将学习多种用于图片展示的动画特效：应用切入与切出自定义动画制作卷轴效果，应用层叠与伸展自定义动画制作立体魔方和正反翻书特效，应用动作路径和动画效果的重复设置实现图片的滚动显示与闪烁。

案例效果如图5-4-1所示。

图5-4-1 "图片展示动画设计"浏览视图

5.4.2 制作步骤

1. 制作第一张幻灯片

幻灯片如图5-4-2所示。

① 双击"图片展示模板"（由PPT素材文件夹提供）建立演示文稿。
② 在标题与副标题占位符中分别输入标题文字"图片展示动画设计"和制作人信息。
③ 请为标题与副标题自行添加动画效果。

2. 制作目录页（又称为导航菜单）

目录页如图5-4-3所示。

① 插入新幻灯片："开始"选项卡→"幻灯片"组→"新建幻灯片"。
② 设置幻灯片版式："开始"→"幻灯片"组→"版式"→"仅标题"版式。

③ 输入标题文字"图片展示动画设计"。
④ 参照效果图绘制导航条菜单。

图 5-4-2　标题幻灯片

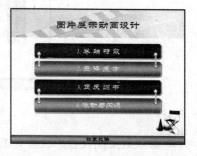

图 5-4-3　目录页幻灯片

制作圆角矩形如下。
- 单击"开始"→"绘图"组→"形状"→"圆角矩形"按钮，可调整黄色控点改变圆角弧度。
- 选中圆角矩形→"添加文本"→输入菜单文字，设置文本居中对齐。
- 参照效果图自行设置形状格式：右击圆角矩形，"设置形状格式"。
- 其他圆角矩形可复制完成，只需修改菜单文字及颜色填充效果。

模拟装订效果如下。
- 装订圆环：绘制圆，颜色填充为白色，线条为灰色-50%，3磅。
- 竖向装订线：绘制圆角矩形，颜色填充为灰色渐变填充，适当调整渐变光圈和透明度，无线条色。
- 组合两个装订圆环和竖向装订线即可模拟出装订效果。

⑤ 使用幻灯片母版添加结束放映和返回目录页的超链接。
- 单击"视图"→"母版视图"组→"幻灯片母版"按钮，选中幻灯片母版。
- 在幻灯片母版底部绘制矩形，添加文本"结束放映"，并使用"动作设置"添加相应链接。
- 调整母版中的椅子图片大小，使用"动作设置"为其添加返回目录页的链接。
- 关闭幻灯片母版视图。

3. 制作卷轴特效

幻灯片如图 5-4-4 所示。
① 插入新幻灯片："开始"选项卡→"幻灯片"组→"新建幻灯片"。
② 设置幻灯片版式："开始"→"幻灯片"组→"版式"→"仅标题"版式。
③ 输入标题文字"卷轴特效"。
④ 绘制矩形，设置图片填充（素材文件夹下的山水画.jpg），自行选择合适线条（线条颜色、样式、粗细等）。
⑤ 绘制画轴（两个圆柱形）如下。
- "形状"→"基本形状"→"圆柱形"，调整黄色控点可改变圆截面弧度。

图 5-4-4 "卷轴特效"幻灯片

- 参照效果图设置形状渐变填充,无线条色。第 2 个画轴复制完成即可。
- 注意要顶端对齐左、右画轴:选中两个圆柱形→"格式"→"排列"→"对齐"。
- 调整好画轴与画之间的位置:左对齐右侧画轴和山水画。

⑥ 在画轴左侧绘制一个矩形(白色填充、无线条、与画轴同高),用于遮挡卷轴展开动画的设计缺陷。

⑦ 添加"展开"和"关闭"动作按钮,不要设置单击时动作,即单击鼠标时无动作。

⑧ 卷轴展开动画设计。

- 选中山水画矩形→"动画"→"高级动画"组→"添加动画"→"更多进入效果"→"基本型"→"切入"(开始:"单击时",效果选项:方向自左侧,持续时间 4 秒)。
- 选中右侧画轴→"动画"→"高级动画"组→"添加动画"→"其他动作路径"→"直线和曲线"→"向右"(开始:"与上一动画同时",持续时间 4 秒,效果选项:平滑开始 1 秒、平滑结束 0 秒)。
- 调整动作路径:单击选中向右路径,按住【Shift】键(用于保持向右路径的水平),拖动红色终点至山水画的右侧。
- 在动画窗格中同时选中上述两个动画列表,"动画"→"高级动画"组→"触发"→"单击"→选择触发对象(展开按钮)。

⑨ 卷轴关闭动画设计。

- 选中山水画矩形→"动画"→"高级动画"组→"添加动画"→"更多退出效果"→"基本型"→"切出"(开始:"单击时",效果选项:方向到左侧,持续时间 4 秒)。
- 选中右侧画轴→"动画"→"高级动画"组→"添加动画"→"其他动作路径"→"直线和曲线"→"向右"(开始:"与上一动画同时",持续时间 4 秒,效果选项:反转路径方向、平滑开始 0 秒、平滑结束 1 秒)。
- 调整动作路径:选中路径,按住【Shift】键(用于保持路径的水平),拖动绿色起点至山水画的右侧。
- 在动画窗格中同时选中上述两个动画列表,"动画"→"高级动画"组→"触发"→单击→选择触发对象(关闭按钮)。

4. 制作立体魔方

幻灯片如图 5-4-5 所示。

图 5-4-5 "立体魔方"

① 插入新幻灯片,设置幻灯片版式为"仅标题"版式。
② 输入标题文字"立体魔方特效"。
③ "立方魔方特效"要用到 5 张图片:插入 5 张图片(图片 1~5),统一设置相同尺寸。
④ 复制 PowerPoint 2003 中的层叠与伸展动画到当前幻灯片。

在 PowerPoint 2010 中,没有直接提供层叠与伸展动画效果,需要从 PowerPoint 2003 中复制过来,为方便操作,我们提供了一个动画库演示文稿,里面包含了一些 PowerPoint 2003 中的常用动画。

打开动画库演示文稿,分别将退出效果中的"层叠"、进入效果中的"伸展",以及多个效果中的"伸展与层叠"三个文本框复制到当前幻灯片,这样也就将对应的动画效果复制到了当前幻灯片。

⑤ 魔方特效动画设计。

两张图片构成一个直角翻转的动画效果是由"退出-层叠"与"进入-伸展"动画的巧妙配合产生的。退出的同时要完成进入,即"退出-层叠"动画的开始是"上一动画之后","进入-伸展"动画的开始是"与上一动画同时";并且"退出-层叠"与"进入-伸展"动画的方向是相对的,只要在效果选项中选择同方向箭头所示的方向即可。

PowerPoint 2010 中新增了一个很有用的工具"动画刷",利用此工具可以快速地复制动画效果到其他的对象上,其使用方法与"格式刷"功能类似。使用动画刷完成如下设置:

● 选中当前幻灯片上的"层叠"文本框,单击"高级动画"组中的"动画刷"按钮,鼠标移向图片 1 并单击,即为图片 1 添加了"退出-层叠"动画效果。
● 图片 1 的动画设置:"退出-层叠"动画,开始"上一动画之后",效果选项方向"到左侧",持续时间"1 秒"。
● 选中当前幻灯片上的"伸展与层叠"文本框,单击"高级动画"组中的"动画刷"按钮,鼠标移向图片 2 并单击,即为图片 2 同时添加了"进入-伸展"和"退出-层叠"两个动画效果。
● 图片 2 的第一个动画设置:"进入-伸展"动画,开始"与上一动画同时",效果选项方向"自右侧"(选择与图片 1 动画相同方向的箭头),持续时间"1 秒"。
● 图片 2 的第二个动画设置:"退出-层叠"动画,开始"上一动画之后",效果选项方向"到顶部",持续时间"1 秒"。
● 与图片 2 添加动画的方法相似,使用动画刷为图片 3 添加"伸展与层叠"动画。

- 图片 3 的第一个动画设置:"进入-伸展"动画,开始"与上一动画同时",效果选项方向"自底部"(选择与图片 2 上一动画相同方向的箭头),持续时间"1 秒"。
- 图片 3 的第二个动画设置:"退出-层叠"动画,开始"上一动画之后",效果选项方向"到右侧",持续时间"1 秒"。
- 同样使用动画刷为图片 4 添加"伸展与层叠"动画。
- 图片 4 的第一个动画设置:"进入-伸展"动画,开始"与上一动画同时",效果选项方向"自左侧"(选择与图片 3 上一动画相同方向的箭头),持续时间"1 秒"。
- 图片 4 的第二个动画设置:使用动画刷为图片 4 添加"退出-层叠"动画,开始"上一动画之后",效果选项方向"到底部",持续时间"1 秒"。
- 使用动画刷为图片 5 添加"进入-伸展"动画。
- 图片 5 的动画设置:"进入-伸展"动画,开始"与上一动画同时",效果选项方向"自顶部"(选择与图片 4 上一动画相同方向的箭头),持续时间"1 秒"。
- 删除幻灯片上复制过来的三个文本框,观看立体魔方播放效果。

⑥ 添加"开始"动作按钮,不要设置单击时动作,即单击鼠标时无动作。

⑦ 在动画窗格中同时选中上述动画列表,"动画"→"高级动画"组→"触发"→单击→选择触发对象(开始按钮)。

5. 制作正反翻书

幻灯片如图 5-4-6 所示。

图 5-4-6 正反翻书特效

① 插入新幻灯片,"仅标题"版式,输入标题文字"正反翻书特效"。

② 绘制第 1 页。
- 插入基本形状中的折角形,设置颜色填充为素材图片,无线条色。
- 在折角形右下角添加透明文本框,输入页码 1。
- 组合折角形与透明文本框。

③ 绘制第 2 页。
- 选中组合图形(第 1 页)→"开始"→"剪贴板"组→"复制"→"粘贴"。
- 选中复制得到的组合图形/"格式"→"排列"组→"旋转"→"水平翻转"。
- 翻转后的折角形即为第 2 页,应更换颜色填充的素材图片,修改页码。

注意

更换图片时应仅仅选中折角形,而不是组合后的图形,然后再设置颜色填充图片。

④ 翻页动画设计。

使用触发器实现正反翻页效果，即单击第 1 页，则向左翻页；单击第 2 页，则向右翻页。而翻页效果是由层叠与伸展动画配合完成的，剪切上一张幻灯片中的"层叠"与"伸展"文本框，粘贴到当前幻灯片备用。

向左翻页如下。
- 选中第 1 页组合图形，使用动画刷为其添加"退出-层叠"动画，开始"单击时"，效果选项方向"到左侧"，持续时间"0.5 秒"。
- 选中第 2 页组合图形，使用动画刷为其添加"进入-伸展"动画，开始"上一动画之后"，效果选项方向"自右侧"，持续时间"0.5 秒"。
- 在动画窗格中同时选中上述两个动画列表，"动画"→"高级动画"组→"触发"→"单击"→选择触发对象（第 1 页组合图形）。

向右翻页如下。
- 选中第 2 页组合图形，使用动画刷为其添加"退出-层叠"动画，开始"单击时"，效果选项方向"到右侧"，持续时间"0.5 秒"。
- 选中第 1 页组合图形，使用动画刷为其添加"进入-伸展"动画，开始"上一动画之后"，效果选项方向"自左侧"，持续时间"0.5 秒"。
- 在动画窗格中同时选中上述两个动画列表，"动画"→"高级动画"组→"触发"→单击→选择触发对象（第 2 页组合图形）。

⑤ 分别复制第 1 页和第 2 页，依次修改页码为第 3 页和第 4 页，更换素材图片，设置第 3 页图片叠放次序为"置于底层"（"格式"→"排列"组→"下移一层"→"置于底层"）。

⑥ 重复步骤⑤，通过复制第 1 页和第 2 页得到新页，只要更换不同的素材图片、修改页码、将右侧新页置于底层，即可完成类似的正反翻页效果。

注意

相册的左侧页码是偶数页，图片由底层向顶层的叠放次序依次是 2、4、6、8 页；右侧页码是奇数页，图片叠放次序由底层向顶层依次是 7、5、3、1 页。

⑦ 图片添加结束后，分别对齐左侧和右侧的图片，反复放映、修改幻灯片，直到翻页效果满意为止。

6. 制作图片滚动与闪烁特效

幻灯片如图 5-4-7 所示。

图 5-4-7 图片滚动与闪烁

① 插入新幻灯片,"仅标题"版式,输入标题文字"图片滚动与闪烁特效"。
② 图片闪烁素材:一次性插入 6 张素材图片,统一设置图片尺寸(高为 3.2cm,宽为 4.3cm),顶端对齐,横向分布在幻灯片上("格式"→"排列"组→"对齐"→"横向分布")。
③ 图片滚动素材。
- 复制步骤②的6张图片,将之组合("格式"→"排列"组→"组合")。
- 在组合图片的上、下方分别绘制水平直线:线条颜色为灰色-25%,线型为双线,粗细为10磅。
- 将两条直线和直线之间的组合图片再次组合。
- 复制带直线的组合图片,将其置于原组合之后,再次将二者组合(组合后包括12张图片,后6张图片在幻灯片之外)。

④ 图片滚动动画设计。
- 选中图片滚动素材(组合图片)→"动画"→"高级动画"组→"添加动画"→"动作路径"→"其他动作路径"→"向左",开始"单击时",持续时间"2秒"。
- 双击动画列表,设置"效果选项"平滑开始为0秒,平滑结束为0秒。
- "计时":设置重复"直到幻灯片末尾"。

⑤ 图片闪烁动画设计。
- 同时选中图片闪烁素材(6张图片)→"动画"→"高级动画"组→"添加动画"→"进入"→"淡出",设置开始"与上一动画同时","计时"重复:直到幻灯片末尾。
- 为相邻的图片设置不同的动画速度,例如,6张图片的渐变速度依次是2秒、3秒、1秒、2秒、3秒、1秒,也可以考虑设置延迟时间实现图片闪烁效果。

⑥ 添加"开始"动作按钮,不要设置单击时动作,即单击鼠标时无动作。
⑦ 在动画窗格中同时选中上述动画列表,"动画"→"高级动画"组→"触发"→单击→选择触发对象(开始按钮)。

7. 制作结束页

幻灯片如图 5-4-8 所示。

图 5-4-8 结束页

① 插入新幻灯片,"标题幻灯片"版式,输入标题和副标题文字"谢谢观赏!"和"再见"。
② 自行设计自定义动画。

8. 设置目录页（导航菜单）的超链接

切换到目录页（第 2 张幻灯片），为导航菜单设置相应的超链接。

方法是：选中圆角矩形（导航菜单项）→"插入"→"动作"组→"超链接"→"本文档中的位置"→选择对应的幻灯片。

9. 幻灯片放映与保存

完成上述操作后，即可放映幻灯片并将其保存。

5.4.3 相关知识点

1. 在演示文稿中嵌入、编辑和播放视频

PowerPoint 2010 在演示文稿中插入视频时，这些视频即已成为演示文稿文件的一部分。在移动演示文稿时不会出现视频文件丢失的情况。

插入视频："插入"→"媒体"组→"视频"（"文件中的视频"和"剪贴画视频"）。

使用视频工具可以修剪视频，可以在视频中添加同步的重叠文本、标牌框架、书签和淡化效果，也可以对视频应用边框、阴影、反射、辉光、柔化边缘、三维旋转、棱台和其他设计器效果，如图 5-4-9 所示。

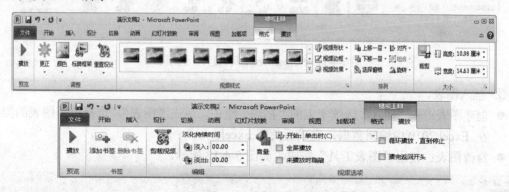

图 5-4-9 "视频工具-格式"与"视频工具-播放"选项卡

2. 插入表格

创建 PowerPoint 表格：在"插入"选项卡上的"表格样式"组中，单击"表格"。添加表格后，可以借助"表格工具"创建复杂表格，如图 5-4-10 所示。还可以从 Word 中复制表格，从 Excel 中复制一组单元格或者插入 Excel 电子表格。

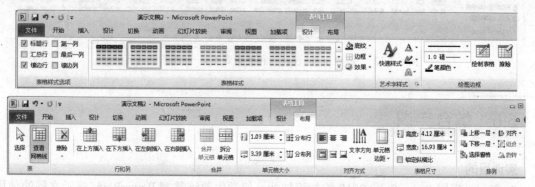

图 5-4-10 "表格工具-设计"与"表格工具-布局"选项卡

3. 插入 SmartArt 图形和图表

SmartArt 图形是信息和观点的可视表示形式，而图表是数字值或数据的可视图示。一般来说，SmartArt 图形是为文本设计的，如创建列表、组织结构图、流程图等；而图表是为数字设计的，如创建条形图、柱形图、折线图等。

① SmartArt 图形。
- 将幻灯片文本转换为SmartArt：单击要转换的文本框，在"开始"选项卡上的"段落"组中，单击"转换为 SmartArt 图形"按钮，在库中单击所需的 SmartArt 图形布局。
- 创建可视化文本的 SmartArt 图形：在"插入"选项卡的"插图"组中，单击"SmartArt"，在"选择 SmartArt 图形"库中，单击所需的类型和布局，输入文字即可。
- 创建组织结构图：在"插入"选项卡上的"插图"组中，单击"SmartArt"按钮，在"选择 SmartArt 图形"库中，单击"层次结构"，选择一种组织结构图布局，单击"确定"按钮即可。
- 可以使用"SmartArt 工具"编辑修改 SmartArt 图形，如图 5-4-11 所示。

图 5-4-11 "SmartArt 工具-设计"选项卡

② 插入图表。
- 创建图表：在"插入"选项卡上的"插图"组中，单击"图表"，选择所需图表的类型，在 Excel 2010 中编辑数据，完成后关闭 Excel。
- 修改图表：使用"图表工具"完成，如图 5-4-12 所示。

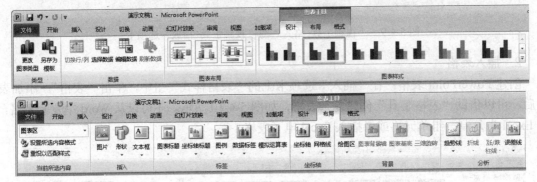

图 5-4-12 "图表工具-设计"和"图表工具-布局"选项卡

5.5 综合实训

实训目的
- 复习、巩固 PowerPoint 2010 的知识技能，使学生熟练掌握 PowerPoint 演示文稿的使用技巧。

- 提高学生运用 PowerPoint 2010 的知识技能分析问题、解决问题的能力。
- 培养学生信息检索技术,提高信息加工、信息利用能力。

实训任务

任务1:根据提供的素材(文字、图片、模板)制作"沈阳旅游资讯"演示文稿。样例效果图如图 5-5-1 所示。

图 5-5-1　沈阳旅游资讯样例

要求如下。
① 根据素材文件夹中的旅游模板建立演示文稿,幻灯片显示与样例效果图一致。
② 为目录页设置相应的超链接跳转。
③ 要求不同幻灯片应显示对应标题的图片资料。
④ 要求至少应用 2 种不同的幻灯片版式,并设置 3 种不同的幻灯片切换效果。
⑤ 为幻灯片上的各项元素设置至少 3 种不同的动画效果。

任务2:根据提供的图片素材制作"美食趣图欣赏——翻页特效"演示文稿。样例效果图如图 5-5-2 所示。

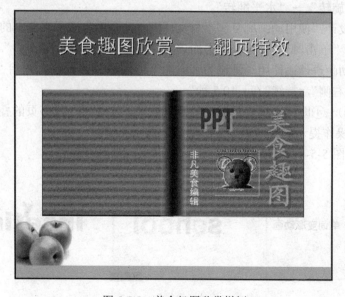

图 5-5-2　美食趣图欣赏样例

231

要求如下：
① 演示文稿中只有一张幻灯片，幻灯片普通视图显示与样例效果图一致。
② 制作多个图片的翻页特效，如图 5-5-3 所示，请参考操作提示。

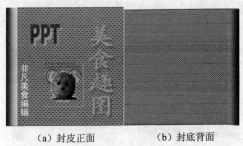

（a）封皮正面　　（b）封底背面　　　　　（c）第一组翻页

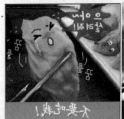

（d）第二组翻页　　　　　　　　　　（e）第三组翻页

图 5-5-3　图片的翻页效果

操作提示如下。
① 封皮是由矩形、图片、文本框和艺术字组合而成。其中圆柱书脊效果是设置长条矩形的颜色渐变填充、调整渐变光圈及渐变方向获得的，图片的凹陷效果是对图片设置透明色后产生的（选中图片→"格式"→"调整"组→"颜色"→"设置透明色"）。
② 制作封皮背面：复制封皮（组合后图形）到左侧，选中复制的图形→绘图工具"格式"→"排列"组→"旋转"→"水平翻转"。
③ 封皮动画设计：使用动画刷复制素材文件夹"动画库"演示文稿中的"退出-层叠"动画效果，设置开始"单击时"，效果选项方向"到左侧"，持续时间"0.5 秒"。
④ 封皮背面动画设计：使用动画刷为其添加"进入-伸展"动画，开始"上一动画之后"，效果选项方向"自右侧"，持续时间"0.5 秒"。
⑤ 重复步骤①～④即可实现多页图片的翻页效果，注意正、反书页的叠放次序。

任务 3：参考操作提示制作《单词变形动画》演示文稿。
样例效果图如图 5-5-4 所示。

图 5-5-4　单词变形动画

要求如下。

① 完成单词变形动画设计：school 变形为 Is cool，Inserting 字母 r 的插入。

② 使用幻灯片母版为第 2~3 张幻灯片统一在右下角添加"单词变形"文本框。

操作提示如下。

1. 单词 school 变形为 Is cool

步骤一：参照效果图添加 5 个文本框，分别输入 s、c、h、I、ool，并设置字体为 Verdana，148 号，颜色自拟，注意将 I 与 h 重合，将 5 个文本框底端对齐。

步骤二：动画设计（添加四个动画效果）。

① 字母 I（设置动作路径到字母 s 前）：开始"单击时"，动作路径"向上弧线"，效果选项"反转路径方向"。

② 字母 I：开始"与上一动画同时"，强调"陀螺旋"，360°逆时针。

③ 字母 h：开始"与上一动画同时"，退出"淡出"。

④ 字母 C：开始"上一动画之后"，动作路径"向右"，调整到适当位置即可。

2. Inserting 插入字母 r

步骤一：参照效果图插入 2 个文本框（分别输入 inse 和 ting，Verdana 字体，130 号字）和艺术字（字母 r，Verdana 字体，130 号字，红色填充，蓝色线条）。

步骤二：动画设计。

① 艺术字 r：上一动画之后，陀螺旋强调，10°逆时针；与上一动画同时，动作路径向上，反转路径方向；上一动画之后，陀螺旋强调，30°顺时针。

② 文本框 inse：与上一动画同时，动作路径向左。

③ 文本框 ting：与上一动画同时，动作路径向右。

④ 艺术字 r：与上一动画同时，动作路径向下；与上一动画同时，字体颜色强调，效果选项字体颜色"蓝色"。

任务 4：参考样例设计自己的计划流程图。

样例如图 5-5-5 所示。

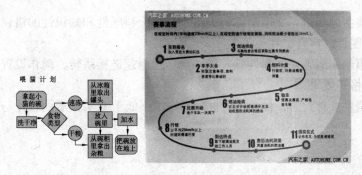

图 5-5-5　流程图样例

要求如下。

① 题目自拟，要求与日常生活相关，如读书计划、学习流程、网络购物等。

② 要求流程图设计有一定创意。

任务 5：参考所学 PowerPoint 案例，自拟主题（如我的家乡、大学生活、环保、国庆 60 周年、产品宣传、童话缩编、卡通相册等），从互联网上搜集相关的图片、文字、背景音乐、视频等素材，运用所学知识设计与制作一个条理清晰、布局合理、美观大方、有创意的作品。

学生作品"我的家乡"样例如图 5-5-6 所示。

图 5-5-6 学生作品《我的家乡》样例

要求如下。

① 演示文稿主题明确，文字简练，无错别字、无科学性和知识性的错误，并能够充分运用文字、图表、图片、声音、视频等多种表现元素。

② 演示文稿结构清晰，逻辑性强，能够灵活运用超链接跳转、动作设置、幻灯片切换设置、母版统一风格等效果。

③ 演示文稿要求有封面、目录、内页、封底，不低于 6 页，版面设计与动画效果设计要求有一定创意。

反侵权盗版声明

电子工业出版社依法对本作品享有专有出版权。任何未经权利人书面许可，复制、销售或通过信息网络传播本作品的行为，歪曲、篡改、剽窃本作品的行为，均违反《中华人民共和国著作权法》，其行为人应承担相应的民事责任和行政责任，构成犯罪的，将被依法追究刑事责任。

为了维护市场秩序，保护权利人的合法权益，我社将依法查处和打击侵权盗版的单位和个人。欢迎社会各界人士积极举报侵权盗版行为，本社将奖励举报有功人员，并保证举报人的信息不被泄露。

举报电话：(010) 88254396；(010) 88258888
传　　真：(010) 88254397
E-mail：　dbqq@phei.com.cn
通信地址：北京市万寿路 173 信箱
　　　　　电子工业出版社总编办公室
邮　　编：100036